云南省地质环境信息化建设丛书

云南省地质环境信息化标准体系建设

YUNNAN SHENG DIZHI HUANJING XINXIHUA
BIAOZHUN TIXI JIANSHE

黄　成　晏祥省　杨迎冬　编著
梅红波　樊　旭　张　寒

中国地质大学出版社
ZHONGGUO DIZHI DAXUE CHUBANSHE

内容简介

本书构建了云南省地质环境信息化标准化体系,主要内容包括数据资源类和应用开发类标准规范,数据资源类标准是对系统建设中各分项业务领域的数据标准和规范进行定义,应用开发类标准主要用于规范各信息系统建设。本书构建的云南省地质环境信息化标准化体系,为云南省地质环境信息系统设计提供了依据,在云南省地质灾害防治信息化建设中进行了实践应用,对丰富我国地质灾害防治信息化标准体系,指导云南省州(市)、县(市、区)各级节点地质环境信息化建设具有借鉴意义。

本书可以作为自然资源部门相关行业进行地质环境信息化建设的参考书。

图书在版编目(CIP)数据

云南省地质环境信息化标准体系建设/黄成等编著.—武汉:中国地质大学出版社,2022.12
ISBN 978-7-5625-5137-9

Ⅰ.①云… Ⅱ.①黄… Ⅲ.①地质环境-环境监测-信息化建设-标准体系-云南
Ⅳ.①X83-65

中国版本图书馆 CIP 数据核字(2022)第 232999 号

云南省地质环境信息化标准体系建设	黄 成 晏祥省 杨迎冬 梅红波 樊 旭 张 寒	编著
责任编辑:王凤林	选题策划:王凤林	责任校对:张咏梅

出版发行:中国地质大学出版社(武汉市洪山区鲁磨路388号)	邮政编码:430074
电 话:(027)67883511 传 真:(027)67883580	E-mail:cbb@cug.edu.cn
经 销:全国新华书店	http://cugp.cug.edu.cn
开本:787毫米×1092毫米 1/16	字数:371千字 印张:14.5
版次:2022年12月第1版	印次:2022年12月第1次印刷
印刷:湖北睿智印务有限公司	
ISBN 978-7-5625-5137-9	定价:128.00元

如有印装质量问题请与印刷厂联系调换

序

  信息化已成为当今世界经济和社会发展的大趋势,党的十八大报告中提出工业化、信息化、城镇化、农业现代化"四化"同步发展的思想,标志着信息化已被提升至国家发展战略的高度。同时,报告把建设"生态文明""美丽中国"放在突出地位,以资源可持续利用促进经济社会可持续发展。地质资源开发利用、地质环境保护和管理,是自然资源主管部门的重要职能之一,根据《国土资源信息化"十二五"规划》,全国开展地质环境信息化建设。

  云南省地处我国西南边陲,以山地高原为主,地势总体趋势西北高东南低,地形起伏大,地质环境复杂多变。云南省地质灾害种类多、分布广、频率高、危害大,近一半的区域被划为地质灾害高易发区,地质环境问题突出。党的十八大之前,云南省地质环境信息化建设工作信息不集中,更新不及时,难以为政府及主管部门管理和决策提供技术支持,迫切需要开展全省地质环境信息化建设工作。为此,云南省作为全国首批开展地质环境信息化建设试点的省份之一,以"统一规划、统一设计、统一网络、统一软件、统一标准、统一建设、分步实施"为指导思想,参考《全国地质环境信息化建设方案》,2012年编制了《云南省地质环境信息化建设实施方案(2012—2017)》。由云南省自然资源厅组织,云南省地质环境监测院牵头,云南省地质调查局、原云南省测绘地理信息局实施,云南省自然资源厅国土资源信息中心、云南省测绘资料档案馆(云南省基础地理信息中心)、云南省地质技术信息中心共同参与,开展了云南省地质环境信息化建设工作。经过十年的踔厉发展,形成省级地质环境信息化标准规范,建成地质环境大数据中心,搭建地环信息化支撑平台,研发多种地质环境专业应用软件和信息系统,全面提升了云南省地质环境信息化管理水平,为政府及主管部门管理及决策提供了技术支撑。

  十年磨一剑,云南省地质环境信息化建设团队系统梳理了十年来的工作成果和成功经验,汇总编制了《云南省地质环境信息化标准体系建设》《云南省地质环境信息化专题符号库建设与应用》《云南省地质环境信息化体系建设》《云南省地质灾害防治信息化建设与应用》系列丛书。其中,《云南省地质环境信息化标准体系建设》是在中国地质环境监测院已建成的信息化标准体系基础上,结合云南省地质环境信息化特点,进行补充和优化,为云南省地质环境信息系统设计提供依据;《云南省地质环境信息化专题符号库建设与应用》对地质环境数据的专题符号库、符号编码规则等进行设计,为不同格式 GIS 数据的转换、集成和发布提供支持;《云南省地质环境信息化体系建设》是对地质环境信息系统建设全过程进行归纳总结,包括基础设施、软硬件资源、数据中心、云平台及大数据平台、应用系统等方面内容;《云南省地质灾害防治信息化建设与应用》介绍了地质灾害综合防治数据资源体系和各业务系统的设计、建设及应用情况,体现了地质灾害综合防治的全流程信息化管理。

该丛书体现了云南省地质环境信息化建设成果的系统性、先进性和实用性,为全国省级地质环境信息化建设提供了技术方法和实践参考,具有较大的推广应用价值。系列丛书中的相关内容既有针对性又具普遍性,不少内容既是总结也是创新,既有理论价值又有实践意义,可作为地质环境信息化建设工作领域的从业者和科研人员的参考书。

2022 年 9 月 20 日

前　言

本书是"云南省地质环境信息化建设丛书"的第一部。

标准化工作是信息化建设中的一项基础性的系统工程，更是系统开发和推广应用的关键保障。地质环境信息化建设作为自然资源信息化建设的重要组成部分，其标准化建设是信息化建设协调发展的保证，贯穿于地质环境信息化建设的整个进程。地质环境信息化建设包括地质环境的数据采集、数据存储、数据处理、数据汇交、数据维护与专题开发、专题符号建设、监测预警及信息资源的社会共享，全方位服务于国民经济建设与生态环境保护。

本书构建的云南省地质环境信息化标准体系参照国家级标准体系建设成果，围绕地质环境信息化发展的总体目标，根据国家、行业有关标准及相关国际标准，在中国地质环境监测院已建成的信息化标准体系基础上，进行补充及优化。通过标准化体系的建设，统一有关要求，为云南省地质环境信息系统设计提供依据。

本书构建的一系列地质环境信息化标准规范，由云南省自然资源厅、云南省地质环境监测院负责牵头制定。本书共分14章，主要内容包括数据资源类和应用开发类标准规范，其他类标准主要采取集成方式将相关的国家标准、行业标准集成到云南省地质环境信息化标准体系。数据资源类标准是对系统建设中的各分项业务领域的数据标准和规范进行定义，具体标准规范包括《云南省地质环境综合库规范》《云南省地质环境核心业务数据结构规范》《云南省地质环境数据采集、存储、处理、汇交规范》《云南省地质环境数据交换规范》《互联网端数据资源体系建设技术要求》《地质公园地质遗迹数据采集技术要求》。应用开发类标准主要用于规范各信息系统的开发与集成，具体标准规范包括《云南省地质环境基础数据编码规则》《云南省地质环境信息系统开发核心技术要求》《云南省地质环境信息系统开发安全技术要求》《云南省地质环境信息系统界面设计要求》《云南省地质环境信息系统集成技术要求》《云南省地质环境信息化建设项目专题符号建设技术要求》《云南省地质环境专题图件配图切片服务发布技术要求》。

本书的撰写工作由云南省地质环境监测院组织，在中国地质大学（武汉）、武汉达梦数据库股份有限公司的积极参与下完成。由于信息技术发展迭代速度快,地质环境信息化工作繁杂等诸多原因,本书提及的观点、采用的技术手段等,将在今后实践中不断优化提高。

由于编著者水平有限,疏漏和不足之处在所难免,敬请专家和读者指正。

编著者

2022 年 9 月 30 日

目 录

1 云南省地质环境信息化标准体系概述 ·· (1)
   1.1 标准化体系建设要求 ·· (1)
   1.2 标准化体系建设内容 ·· (2)
   1.3 云南省地质环境信息化标准体系相关概念及定义 ································ (4)

2 云南省地质环境综合库规范 ··· (7)
   2.1 数据库表结构定义规范 ··· (7)
   2.2 数据规范 ··· (9)
   2.3 综合库规范 ·· (14)
   2.4 数据字典管理规范 ··· (20)
   2.5 地质环境综合库标准建设流程 ··· (57)

3 云南省地质环境核心业务数据结构规范 ·· (62)
   3.1 数据库表结构定义规范 ··· (62)
   3.2 数据规范 ··· (62)
   3.3 地质灾害核心业务数据结构规范 ·· (62)
   3.4 矿山地质环境核心业务数据结构规范 ·· (74)
   3.5 地下水环境核心业务数据结构规范 ··· (75)
   3.6 地质遗迹（地质公园）核心业务数据结构规范 ··································· (77)
   3.7 水文地质核心业务数据结构规范 ·· (78)
   3.8 地质钻孔核心业务数据结构规范 ·· (80)

4 云南省地质环境数据采集、存储、处理、汇交规范 ································ (82)
   4.1 基本要求 ··· (82)
   4.2 数据源 ·· (83)
   4.3 数据库建设 ·· (83)
   4.4 数据汇交形式及成果要求 ··· (86)
   4.5 数据质量控制与评价 ··· (89)
   4.6 检查验收与评价 ··· (91)

4.7 地质环境元数据信息采集 …………………………………………………… (92)

5 云南省地质环境数据交换规范 ……………………………………………… (94)

5.1 总体结构 …………………………………………………………………… (94)
5.2 交换模型 …………………………………………………………………… (97)
5.3 资源形态 …………………………………………………………………… (99)
5.4 交换工具要求 ……………………………………………………………… (99)
5.5 数据交换通道 ……………………………………………………………… (100)
5.6 数据交换内容和格式 ……………………………………………………… (102)
5.7 数据交换申请流程 ………………………………………………………… (102)

6 云南省互联网端数据资源体系建设技术要求 ……………………………… (107)

6.1 总则 ………………………………………………………………………… (107)
6.2 总体框架 …………………………………………………………………… (108)
6.3 工作流程 …………………………………………………………………… (108)
6.4 数据接入要求 ……………………………………………………………… (110)
6.5 数据处理要求 ……………………………………………………………… (113)
6.6 数据管控 …………………………………………………………………… (117)
6.7 数据运维 …………………………………………………………………… (126)
6.8 数据服务 …………………………………………………………………… (129)

7 云南省地质公园地质遗迹数据采集技术要求 ……………………………… (131)

7.1 数据采集表单 ……………………………………………………………… (131)
7.2 填表说明 …………………………………………………………………… (133)
7.3 成果格式及装订要求 ……………………………………………………… (137)
7.4 提交成果 …………………………………………………………………… (137)

8 云南省地质环境基础数据编码规则 ………………………………………… (138)

8.1 地质环境代码编码方法 …………………………………………………… (138)
8.2 地质环境公共代码 ………………………………………………………… (140)
8.3 地质环境基础数据编码 …………………………………………………… (141)

9 云南省地质环境信息系统开发核心技术要求 ……………………………… (142)

9.1 权限验证规则 ……………………………………………………………… (142)
9.2 日志自动记录规则 ………………………………………………………… (143)
9.3 异常及错误处理规则 ……………………………………………………… (143)

10 云南省地质环境信息系统开发安全技术要求 …………………………… (145)

10.1 业务系统与数据库分离 ………………………………………………… (145)

10.2 使用安全组件 …… (145)
10.3 密码设定 …… (145)
10.4 身份认证 …… (147)
10.5 加密 …… (149)
10.6 权限控制 …… (159)
10.7 防SQL注入 …… (160)
10.8 操作日志登记 …… (161)
10.9 敏感数据的安全防范 …… (164)
10.10 编码安全防范 …… (164)

11 云南省地质环境信息系统界面设计要求 …… (167)
11.1 设计原则 …… (167)
11.2 整体要求 …… (167)
11.3 外观要求 …… (167)
11.4 页面元素规范 …… (168)
11.5 布局要求 …… (171)
11.6 与用户交互要求 …… (173)
10.7 系统支持性要求 …… (174)

12 云南省地质环境信息系统集成技术要求 …… (175)
12.1 系统集成工作要求 …… (175)
12.2 元数据及数据字典规范 …… (178)
12.3 单点登录集成规范 …… (185)
12.4 系统集成提交材料清单及示例脚本 …… (188)

13 云南省地质环境信息化建设项目专题符号建设技术要求 …… (193)
13.1 符号编码原则 …… (193)
13.2 符号表达 …… (195)

14 云南省地质环境专题图件配图切片服务发布技术要求 …… (210)
14.1 一般规定 …… (210)
14.2 数据准备 …… (210)
14.3 符号样式库 …… (210)
14.4 地图配图 …… (211)
14.5 切片服务发布规定 …… (212)

主要参考文献 …… (222)

1 云南省地质环境信息化标准体系概述

随着全球信息化浪潮的掀起和信息技术的迅猛发展,信息资源已经成为国民经济和社会发展的战略资源,信息化已成为推动国家治理体系和治理能力现代化的重要手段。"十三五"时期以来,新一代信息技术已成为引领经济社会发展的先导力量,自然资源信息化已成为新时期推动自然资源事业发展的关键举措。地质环境信息化建设作为自然资源信息化建设的重要组成部分,其标准化建设贯穿地质环境信息化建设的整个进程,包括地质环境的数据采集、数据汇交、存储维护、数据处理与专题开发、专题符号建设、监测预警及信息资源的社会共享,全方位服务于国民经济建设与生态环境保护。

地质环境信息化标准体系是信息化建设协调发展的前提。云南省地质环境信息化标准制定的原则是:围绕地质环境信息化发展的总体目标,根据国家、行业、部门有关标准及相关国际标准,在中国地质环境监测院已建成的信息化标准体系基础上,进行补充及优化,建立云南省地质环境信息化标准体系。通过标准化体系建设,统一有关要求,为云南省地质环境信息系统设计和项目实施提供依据。

1.1 标准化体系建设要求

云南省地质环境信息化标准的制定是依照现行的国家及行业标准,保证与自然资源部规程、规范一致,建设成适合于云南省地质环境信息化的专项标准。在进行标准编制时,对涉及已有标准的交叉数据,应严格按有关规定引用相关标准。

元数据及数据字典要充分考虑数据的标准性,不同类型的元数据采用不同的入库方式。一些数据字典,例如数据文件字典和数据文件属性字典,可以通过相关技术自动采集元数据,其他的元数据可以通过用户手工编写入库。

为保证系统文档的可读性和可维护性,要求所有地质环境信息系统的系统文档采用统一的文档编制规范编写。例如对文档的标题、目录、目录结构、字体字号、插图、录像等进行规范。另外,还需对系统帮助文档进行规范,按照系统帮助文档编制规范编写系统帮助文档。对培训资料、培训录像也应进行规范。

在标准规范体系下,还必须有相应的运行管理机制和制度保障地质环境信息系统的顺利实施与长效运行,包括信息共享办法、数据安全管理办法、数据更新维护制度、考核评价制度、数据交换制度、业务系统协同机制、长效运行与服务机制等。

以上标准体系以中国地质环境监测院地质环境信息化标准为基础,以补充、完善、优化为主。

1.2 标准化体系建设内容

云南省地质环境信息化标准体系是地质环境信息化范围内相关标准组成的科学有机整体,是一幅包括已颁、在编和拟编标准的地质环境信息化标准蓝图,是促进一定范围内的标准组成趋向科学化和合理化的技术手段,为信息化建设提供标准和技术依据,是指导信息化标准工作的纲领性文件。

云南省地质环境信息化标准体系由基础设施、数据资源、应用开发、信息安全、信息化建设管理、专项标准等标准及规范组成。重点研究制定数据资源及系统开发的标准与规范,其他类标准主要采取集成方式将相关的国家标准、行业标准集成到云南省地质环境信息化标准体系中。

1.2.1 参照《国家电子政务标准体系建设指南》建立地质环境信息化标准体系

遵循国家电子政务标准,由总体标准、网络建设管理标准、应用支撑标准、应用(数据)标准、信息安全标准和管理标准组成云南省地质环境信息化标准体系,见图1-1。

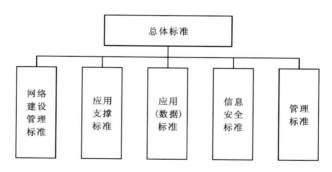

图1-1 地质环境信息化标准体系框架图

1.2.2 地质环境信息化特征建立体系框架

根据地质环境信息化标准的特点和要求,按地质环境的性质功能、内在联系进行分级、分类,构建一个有机联系的整体,形成地质环境信息化标准体系。体系内的各种标准互相联系、互相依存、互相补充,具有良好的配套性和协调性。

地质环境信息化标准体系应覆盖网络、环境数据资源、安全、管理等专业领域,考虑信息化标准的特点,又分别将专业和门类标准划分为对应的子集标准。这个体系经过广泛的交流、协调和相应的调整,形成层次恰当、结构合理、划分明确的环境信息化标准体系,最终形成符合云南省地质环境信息化建设需求的标准体系。

云南省地质环境信息化系统是一个复杂系统,它可对跨部门、跨地区、跨专业、跨时段信息进行快速综合查询与统计分析。为保障系统的设计、开发、使用、维护和推广科学有序地进行,建设过程应遵循各种相关的国家、行业标准,并根据需要制定相应的技术和管理规范,形成云南省地质环境信息化建设标准体系。标准化工作是信息化建设中的一项基础性的系统工程,更是系统开发成功和推广应用的关键保障。

云南省地质环境信息系统标准体系框架如图1-2所示。

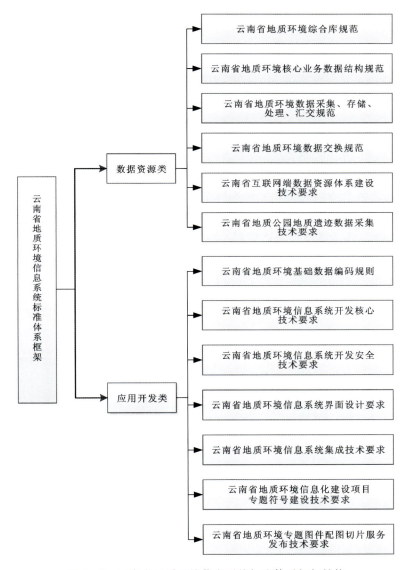

图1-2 云南省地质环境信息系统标准体系框架结构

云南省地质环境信息系统标准体系框架是在遵循国家地质环境标准体系的基础上建设的,本书是云南省地质环境信息化建设的成果,用以规范和指导地质环境信息化建设工作。

(1)云南省地质环境信息系统数据资源类标准对系统建设中的各分项业务领域的数据标准和规范进行定义。具体容包括《云南省地质环境综合库规范》《云南省地质环境核心业务数据结构规范》《云南省地质环境数据采集、存储、处理、汇交规范》《云南省地质环境数据交换规范》《云南省互联网端数据资源体系建设技术要求》《云南省地质公园地质遗迹数据采集技术要求》。

（2）云南省地质环境信息系统应用开发类标准建设主要包括与统一B/S开发框架匹配的技术开发要求、开发安全技术要求、界面设计要求、基础数据编码规则和系统集成技术要求，用于规范各信息系统建设。具体内容包括《云南省地质环境基础数据编码规则》《云南省地质环境信息系统开发核心技术要求》《云南省地质环境信息系统开发安全技术要求》《云南省地质环境信息系统界面设计要求》《云南省地质环境信息系统集成技术要求》《云南省地质环境信息化建设项目专题符号建设技术要求》《云南省地质环境专题图件配图切片服务发布技术要求》。

1.3 云南省地质环境信息化标准体系相关概念及定义

本书关于云南省地质环境信息化标准体系建设中的相关术语定义如下。

实体（Entity）：地质环境领域具有相同属性描述的对象（人、地点、事物）的集合。

要素（Feature）：真实世界现象的抽象。

类（Class）：具有共同特性和关系的一组要素的集合。

层（Layer）：具有相同应用特性的类的集合。

属性（Attribute）：一个实体或目标的数量或质量特征描述。

矢量数据（Vector Data）：以 x,y（或 x,y,z）坐标表示的点、线、面（或包含体）等空间图形数据及与其相联系的属性数据总称。

图像数据（Image Data）：用数值表示各像素（Pixel）的灰度值的集合。

拓扑（Topology）：对相连或相邻的点、线、面、体之间关系的科学阐述。特指那种在连续投影变换下保持不变的对象性质。

编码（Coding）：将信息分类的结果用一种易于被计算机和人识别的符号体系表示出来的过程，是人们统一认识、统一观点、相互交换信息的一种技术手段。编码的直接产物是代码。

标识码（Identification Code）：在要素分类的基础上，用以对某一类数据中某个实体进行唯一标识的代码。

综合数据库（Comprehensive Data Store，CDS），简称综合库，分为核心区和业务区，核心区存放经过标准化处理、转换后的数据。

空间数据结构（Spatial Data Structure）：指空间数据在计算机内的组织和编码形式。它是一种适合于计算机存储、管理和处理空间数据的逻辑结构，是实体的空间排列和相互关系的抽象描述。

元数据（Metadata）：是关于数据的数据，用于描述数据的内容、覆盖范围、质量、管理方式、数据的所有者、数据的提供方式等有关的信息。

质量评价（Quality Valuate）：按照一定的规则和方法，对数据质量检查的结果进行评价并得出结论的过程。

ETL：extraction-transformation-loading 的缩写，中文名称为数据提取、转换和加载。ETL 是数据抽取(Extract)、清洗(Cleaning)、转换(Transform)、装载(Load)的过程。

交换节点(Interchange Node)：在地质环境业务节点中，实现信息资源传送和处理的系统单元。

数据交换(Data Interchange)：在网络环境下从某一个交换节点到其他交换节点的传送和处理过程。

交换体系(Interchange System)：由总体结构、交换模型、资源形态、交换工具等内容组成，实现地质环境资源交换与共享。

前置服务器(Front Server)：为数据交换的中转站，该服务器作为业务系统与数据中心交换过程中的数据暂存地，具备降低对业务系统的侵入性、提升数据中心本身的安全性等特性，同时解决了跨网环境下的数据交换问题。

地质环境(Geologic Environment)：为人类自然环境的一部分，系指与人类生活和生产活动有相互影响的地质体及地质作用的总和。它是一个动态系统，与水环境、大气环境、生态环境等系统共同构成影响人类生存与发展的自然环境体系。

信息编码(Information Coding)：信息编码是为了方便信息的存储、检索和使用，在进行信息处理时赋予信息元素以代码的过程，即用不同的代码与各种信息中的组成部分建立一一对应的关系。信息编码必须标准、系统化，设计合理的编码系统是关系信息管理系统生命力的重要因素。

访问控制(Access Control)：一种安全保证手段，即信息系统的资源只能由被授权实体按授权方式进行访问，防止对资源的未授权使用。

认证(Authentication)：①验证用户、设备和其他实体的身份；②验证数据的完整性。

授权(Authorization)：给予权利，包括信息资源访问权的授予。

可用性(Availability)：为数据或资源的特性，被授权实体按要求能及时访问和使用数据或资源。

缓冲器溢出(Buffer Overflow)：指通过程序的缓冲区写超出其长度的内容，造成缓冲区的溢出，从而破坏程序的堆栈，使程序转而执行其他指令，以达到攻击的目的。

保密性(Confidentiality)：为数据所具有的特性，即表示数据所达到的未提供或未泄露给未授权的个人、过程或其他实体的程度。

完整性(Integrity)：在防止非授权用户修改或使用资源和防止授权用户不正确地修改或使用资源的情况下，信息系统中的数据与原文档中的相同，并未遭受偶然或恶意的修改或破坏时所具的性质。

敏感信息(Sensitive Information)：由权威机构确定的必须受保护的信息，因为该信息的泄露、修改、破坏或丢失都会对人或事产生可预知的损害。

专题地图(Thematic Map)：是在地理底图上按照地图主题的要求，突出并完善地表示与主题相关的一种或几种要素，使地图内容专题化、表达形式各异、用途专门化的地图。专题地图的内容由两部分构成：①专题内容，图上突出表示自然或社会经济现象及其有关特征；

②地理基础,用以标明专题要素空间位置与地理背景的普通地图内容,主要有经纬网、水系、境界、居民地等。

地图配图(Map Illustrated):是指对地理图件进行符号、线型、充填、标注等图层颜色样式装配以及比例尺设置、显示优化的过程。

地图切片(Map Slice):是指对地图进行分级瓦片化,并最终生成切片地图服务或数据包的过程。

符号(Symbol):是以图形方式对地图中的地理要素、标注和注记进行描述、分类或排列,从而找出并显示定性关系和定量关系。根据符号绘制的几何类型,可将其分为标记、线、填充和文本 4 类。

样式(Style):是一种容器,用于对地图上出现的可重复使用的事物进行存放,可通过样式来存储、组织和共享符号及其他地图组成部分。通过确保一致性,这些符号可提高相关地图产品或组织的标准化程度。

数据(Data):为信息的可再解释的形式化表示,以适用于通信、解释或处理。

数据质量(Dataquality):在指定条件下使用时,数据的特性满足明确和隐含要求的程序。

原始数据(Rawdata):终端用户所存储使用的各种未经过处理或简化的数据。

数据集(Dataset):具有一定主题,可以标识并可以被计算机处理的数据集合。

数据标准(Datastandard):数据的命名、定义、结构和取值规范方面的规则与基准。

2 云南省地质环境综合库规范

《云南省地质环境综合库规范》包含数据库表结构定义规范、数据规范、综合库规范、数据字典管理规范、数据交换格式、地质环境综合库标准建设流程等内容。建设该规范的意义在于全面规范地质环境数据库建设标准,为实现云南省省级、州(市)级、县(市、区)级3级节点的地质环境数据交换和共享奠定基础。

2.1 数据库表结构定义规范

2.1.1 数据类型

表结构中用到了字符串、数值、逻辑、日期时间、大字段5种数据类型,表达方式如表2-1所示。

表2-1 数据类型表达方式

类型	分类	数据类型	简称
字符串	变长	NVARCHAR、NVARCHAR2	NVC
		VARCHAR、VARCHAR2	VC
	定长	CHAR、NCHAR	C、NC
数值	整数类型	INTEGER	INT
		LONG	LNG
	浮点类型	NUMBER	N
		DOUBLE	DB
		FLOAT	F
逻辑	逻辑(0或1)	INTEGER	INT
日期时间	日期	DATE	D
	日期时间	DATETIME	DT
	时间	TIME	T

续表 2-1

类型	分类	数据类型	简称
大字段	文本	CLOB、NCLOB	L、NL
	文件	BLOB	B
	文件路径（文件名）	VARCHAR2	VC
	文件映射	BFILE	BF

2.1.1.1 字符串

字符串用于描述字符类型的数据，它所描述的数据不能进行一般意义上的数学计算，只有描述意义。字符串类型分为变长（VARCHAR）和定长（CHAR）。

字符串字符编码应采用 GBK 编码。

2.1.1.2 数值

数值类型用于描述整数类型（INTEGER）和浮点类型（NUMBER）。

2.1.1.3 逻辑

逻辑类型用于描述"是"和"否"或"有"和"无"的选择对象。数据库中存储 0 或者 1（IN-TEGER）。0 代表"否"（或者"假"），1 代表"是"（或者"真"）。

2.1.1.4 日期时间

日期时间类型用以描述与日期时间有关的数据字段。日期时间类型应采用公元纪年的北京时间，其表达格式如图 2-1 所示。

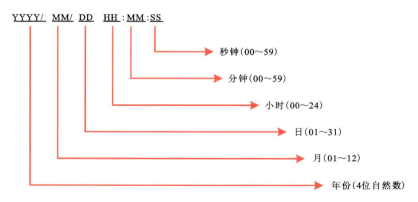

图 2-1 日期时间类型表达格式

对于日期时间类型，可存储日期（DATE）、日期时间（DATETIME）、时间（TIME）。

2.1.1.5 大字段

大字段用于存储二进制数据。存储内容可以是二进制文件内容或者文件映射等。

二进制文件内容：可以是文本（CLOB），也可以是文件（BLOB）。

文件映射：存储的是文件定位指针（BFILE），实际的文件存储在文件系统中。

2.1.2 属性数据表和字段命名规范

对于基础数据库,已经建设完成的业务数据库,维持现有的数据表和字段命名方式;对于新建的业务数据库表和字段,按照《云南省地质环境综合库规范》中的"属性数据规范"规则进行命名。

对于综合库(综合数据库)的表和字段,按照《云南省地质环境综合库规范》中的"属性数据规范"规则进行命名。

2.2 数据规范

行政区划代码采用国家标准《中华人民共和国行政区划代码》(GB/T 2260—1999)中县及县以上行政区划代码及国家标准《县以下行政区划代码编码规则》(GB/T 10114—1988)编制形成。

国家行政区划代码(GB/T 2260—1999 县及县以上行政区划代码)由 6 位数字码组成,第一、二位表示省(自治区、直辖市、特别行政区);第三、四位表示地区(自治州、盟),第五、六位表示县(市辖区、县级市、旗);第三、四位中 01～20,51～70 表示省直辖市;21～50 表示地区(自治州、盟)。第五、六位中 01～18 表示市辖区或地区(自治州、盟)辖县级市;21～80 表示县(旗);81～99 表示省直辖县级市。

县以下行政区划代码按照《县以下行政区划代码编码规则》(GB/T 10114—1988)编制共有 12 位数字,分为 3 段。代码的第一段为 6 位数字,表示县及县以上的行政区划;第二段为 3 位数字,表示街道、镇和乡;第三段为 3 位数字,表示居民委员会和村民委员会。

2.2.1 统一编码(代码)

统一编码(代码)按照《全国地质环境代码规则库编码规范》中的统一编码(代码)规则进行编码。

2.2.1.1 地质灾害点(体)统一编号

地质灾害点(体)统一编号由 12 位 ASCII 码(American Standard Code for Information Interchange)构成,分为 3 级,如图 2-2 所示。

第一级(第一至第六位):为行政区划国标代码,共 6 位(含省、地区、县 3 级)。行政区划编码规则参照本章中的"行政区划代码"前 6 位编码规则。

第二级为灾害类型(第七至第八位),2 位,为该灾害点主要灾害类型编码,可根据实际情况扩展新的灾害类型编码。其中,00～09 主要为自然因素形成的地质灾害(其中 08 表示在库段中无地质灾害的库岸);11～19 为人类工程活动形成的高切坡;20～39 为矿山开采引发的地质灾害;40～49 为地下水抽排引发的地质灾害。

第三级(第九至第十二位):为灾害点顺序编号,共 4 位,以行政区划和灾害类型为单位顺序编,不满 4 位者,前面冠 0。

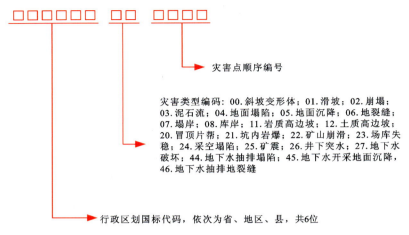

图2-2 地质灾害点(体)编号规则

注：图中只显示了部分编号。

2.2.1.2 地下水资源调查点统一编码

地下水资源调查点图元编码由17位ASCII码构成，分为3级，如图2-3所示。

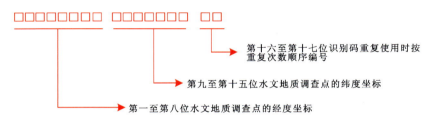

图2-3 地下水资源调查点编号规则

第一级(第一至第八位)：水文地质调查点的经度坐标，共8位。

第二级(第九至第十五位)：水文地质调查点的纬度坐标，共7位。

第三级(第十六至第十七位)：识别码，共2位，重复使用时按重复次数顺序编号。

地下水资源调查点图元编码将调查点的经纬坐标定位，使用确切的监测点调查信息。例如经度114°2′24.4″，纬度35°22′24.0″，编码为11402244352224000。

2.2.1.3 钻孔统一编码

钻孔统一编码由10位ASCII码构成，分为2级，如图2-4所示。

第一级(第一至第六位)：为行政区划国标代码，共6位(含省、地区、县3级)。行政区划编码规则参照本章中的"行政区划代码"。

第二级(第七至第十位)：为顺序编号，共4位，以行政区划为单位顺序编，不满4位者，前面冠0。

钻孔统一编码与现有的编码规则保持一致，完全兼容已有的数据。

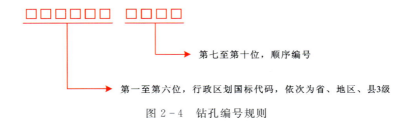

图 2-4　钻孔编号规则

2.2.1.4　监测井统一编码

监测井统一编码由 10 位 ASCII 码构成，分为 2 级，如图 2-5 所示。

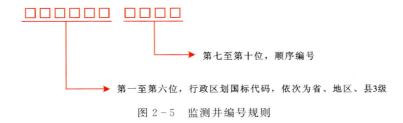

图 2-5　监测井编号规则

第一级（第一至第六位）：为行政区划国标代码，共 6 位（含省、地区、县 3 级）。行政区划编码规则参照本章中的"行政区划代码"。

第二级（第七至第十位）：为顺序编号，共 4 位，以行政区划为单位顺序编，不满 4 位者，前面冠 0。

监测井统一编码与"钻孔统一编码"规则相同，并且与现有的编码规则保持一致，完全兼容已有的数据。

2.2.1.5　井管统一编号

监测井管统一编码由 12 位 ASCII 码构成，分为 3 级，如图 2-6 所示。

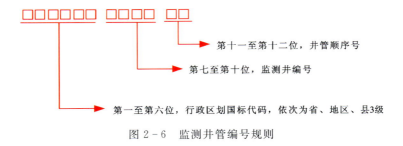

图 2-6　监测井管编号规则

第一级（第一至第六位）：为行政区划国标代码，共 6 位（含省、地区、县 3 级）。行政区划编码规则参照本章中的"行政区划代码"。

第二级（第七至第十位）：为监测井编号，共 4 位，以行政区划为单位顺序编，不满 4 位者，前面冠 0。

第三级(第十一至第十二位):为井管顺序号,共 2 位,以监测井位单位顺序编,不满 2 位者,前面冠 0。

2.2.1.6　矿区统一编号

矿区统一编号由 9 位 ASCII 码构成,分为 2 级,如图 2-7 所示。

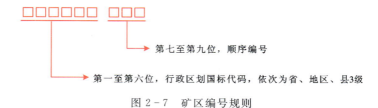

图 2-7　矿区编号规则

第一级(第一至第六位):为行政区划国标代码,共 6 位(含省、地区、县 3 级)。行政区划编码规则参照本章中的"行政区划代码"。

第二级(第七至第九位):顺序编号,共 3 位,为行政区内矿区顺序号,不满 3 位者,前面冠 0。

矿区统一编号与现有的编码规则保持一致,完全兼容已有的数据。

2.2.1.7　矿山点统一编号

矿山点统一编号由 14 位 ASCII 码构成,分为 3 级,如图 2-8 所示。

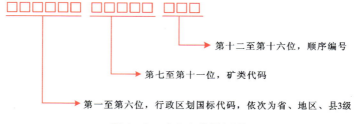

图 2-8　矿山点编号规则

第一级(第一至第六位):为行政区划国标代码,共 6 位(含省、地区、县 3 级)。行政区划编码规则参照本章中的"行政区划代码"。

第二级(第七至第十一位):为矿类代码,共 5 位,依据国家标准《地质矿产术语分类代码 第 16 部分:矿床学》(GB/T 9649.16—2009)中的矿床学代码编码。

第三级(第十二至第十四位):为顺序编号,共 3 位,为行政区内矿山点顺序号,不满 3 位者,前面冠 0。

矿山点统一编号与现有的编码规则保持一致,完全兼容已有的数据。对于矿类代码要依据国家标准编码。

2.2.1.8　地质遗迹统一编号

地质遗迹统一编号由 12 位 ASCII 码构成,分为 3 级,如图 2-9 所示。

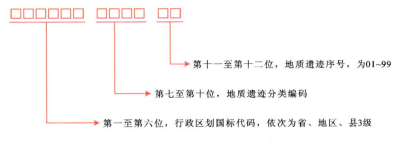

图 2-9　地质遗迹编号规则

第一级(第一至第六位):为行政区划国标代码,共 6 位(含省、地区、县 3 级)。行政区划编码规则参照本章中的"行政区划代码"。

第二级(第七至第十位):为地质遗迹分类编码。

第三级(第十一至第十二位):地质遗迹序号,为 01~99。

当遗迹点跨越多个行政区划单元时,取其上级行政区划代码。例如跨越两县(市)则取地(市)代码;跨越两地(市)则取省(市、区)代码。

2.2.1.9　地质遗迹集中区(地质公园)统一编号

地质遗迹集中区(地质公园)统一编号由 12 位 ASCII 码构成,分为 4 级,如图 2-10 所示。

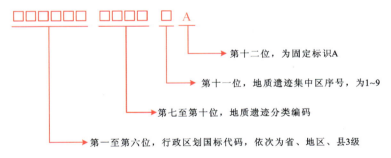

图 2-10　地质遗迹集中区(地质公园)编号规则

第一级(第一至第六位):为行政区划国标代码,共 6 位(含省、地区、县 3 级)。行政区划编码规则参照本章中的"行政区划代码"。

第二级(第七至第十位):为地质遗迹分类编码。

第三级(第十一位):地质遗迹集中区序号,为 1~9。

第四级(第十二位):为固定标识 A,表示非跨省地质遗迹集中区。

当集中区跨越多个行政区划单元时,取其上级行政区划代码。例如跨越两县(市)则取地(市)代码;跨越两地(市)则取省(市、区)代码。

固定标识 A 表示非跨省地质遗迹集中区,例如内蒙古自治区克什克腾旗(国标代码150425),主要遗迹类型为岩石地貌(类代码 0210),则其集中区号为"15042502101A"。

地质遗迹集中区(地质公园)统一编号与现有的编码规则保持一致,完全兼容已有的数据。

2.2.2 计量单位

计量单位一律采用国际单位制(有特殊说明除外)。

2.2.3 单位名称

各类单位的名称必须严格按照该单位的公章填写,不得添字或减字。如果单位名称上包括"括号",应输入中文字符"("和")",不能输入英文字符"("和")"。

2.2.4 坐标

坐标系统一采用 CGCS2000 坐标系,经度为 NUMBER(16,10),纬度为 NUMBER(16,10),高程为 NUMBER(12,6)。

2.3 综合库规范

2.3.1 综合库内容

综合库分为两部分,即一个核心区和若干业务区,如图 2-11 所示。

综合库的核心区主要存储经过标准化处理后的地质环境核心信息,主要包括地质灾害、地下水、矿山地质、地质遗迹等业务体系的核心数据结构以及核心数据。各业务区主要存储各个业务系统所特有的业务信息,包括其特有的业务数据结构及业务数据,并通过与核心区的数据交互,保证核心区与业务区信息的一致性。

核心区的数据初始化后,根据各业务系统的资源需要及权限,会对各业务区的核心数据进行初始化。各业务系统可针对各自的系统需求,在业务区中对核心数据结构进行扩展以满足需要。当业务区的核心数据信息进行更新时,同时也对核心区的对应信息进行更新,保持数据的一致性。

2.3.2 属性数据规范

综合库的属性数据结构,其数据表和字段按照《全国地质环境代码规则库编码规范》中的"实体(数据表)编码"规则进行编码,并遵循已制定的其他综合库建设规范。

2.3.2.1 实体(数据表)编码

实体编码由 7 位 ASCII 码组成,对空间数据中划分的图层,则按《数字化地质图图层及属性文件格式》(DZ/T 0197—1997)标准编制。按层次分类方法将其分为 5 级:第一至第二

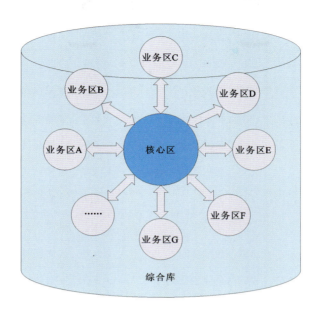

图 2-11　综合库逻辑结构示意图

位为大类,分类代码名参照国标地学分类代码编制,以实体模型名称中两关键字汉语拼音首字母表示;第三位为中类,以 A~Z 表示;第四位为小类,亦以 A~Z 表示;第五至第六位表示对象描述集顺序号,由 00~99 顺序编码;第七位表示对象描述集的子集,以 A~Z 编码,如图 2-12 所示。数据库中数据表名代码与对象描述集的子集代码相同,如图 2-12 所示。

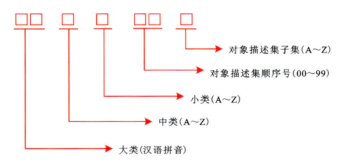

图 2-12　实体编码规则

依据上述规则对系统内各大类实体编码,如表 2-2 所示。

实体编码根据国标地学分类代码编制,以实体模型名称中两个关键字汉语拼音首字母表示。若是表 2-2 中没有列出的实体,可根据实际情况按照编码规则进行扩充,并进行说明。数据表编码方式可有效标识该数据表所属的实体,并采用等长和有规则的编码方式,便于数据文件字典的采集和管理应用。

表 2－2　系统内各大类实体编码

代码	实体名称	代码	实体名称	代码	实体名称
DL	基础地理（测绘）数据	SB	设备	HT	合同
DC	区域灾害地质综合调查	JS	建设项目	ZD	数据字典
ZH	地质灾害	KP	科普知识	DM	多媒体（及照片）
QP	高切坡	GG	公共信息	SP	视频会议及远程会商
KA	库岸	CL	数据检验及处理	YG	遥感
JC	监测预警	FF	方法库	QX	气象
BQ	搬迁避让	ZS	知识库	DZ	地震
HJ	地质环境保护	MX	模型库	RW	人文经济
AQ	移民工程地质安全评价	WX	危险性区划	FH	安全防护
KC	地质灾害勘察工程	FX	风险性评价	XX	信息化数据光盘
FZ	治理工程	WD	稳定性评价	YS	元数据
JL	工程监理	ZR	数据转换及载入	ZT	灾害地质图（含灾害体三维图）、灾害地质图为 ZTA,灾害地质立体图为 ZTB,灾害体三维图（可视化分析）为 ZTC
WS	办公文书	YC	预测预报	BZ	标准
ZL	资料	ZC	预警决策支持	JP	监测预报分析评估
KY	科研	YJ	应急指挥	FP	防治工程措施分析评估
CK	数据仓库	HM	滑坡模拟	JX	监测预警工程经济效益评估
CH	基础地理（测绘）数据	QD	（区域）地质综合调查	ZJ	综合决策
DS	地下水	KD	矿山地质环境	DY	地质遗迹
CJ	地面沉降	ND	农业地质	HD	环境地质
CD	城市地质	DH	地质环境	SD	水土地质环境
SW	水文地质				

注：(1)在实体模型中文件的存储形式编码为 A 矢量图形、B 数据表(指用关系数据库管理的文件)、C 电子报表、D 电子文档、E 多媒体、F 照片(指用数码相机拍摄的照片及经扫描入库的照片)、G 纸质、H 位图(指用扫描仪输入的图形文件)；(2)实体编码大类中地下水(DS)、矿山地质环境(KD)、地质遗迹(DY)、地面沉降(CJ)、农业地质(ND)、环境地质(HD)、城市地质(CD)、地质环境(DH)、水土地质环境(SD)对应的实体编码中类为 A 调查、B 监测、C 统计、D 成果。

2.3.2.2 实体属性(数据字段)编码

实体属性编码由 10 位 ASCII 码组成,分为 2 级,如图 2-13 所示。

图 2-13 实体编码规则

第一级(第一至第七位):为实体编码,共 7 位。实体编码规则参照本章中的"实体(数据表)编码"编码规则。

第二级(第八至第十位):为实体属性顺序编号,共 3 位,实体编码为单位编码,不满 3 位者,前面冠 0。

注:为了适应实体属性的扩展,顺序编号起始建议从 010 开始,间隔 10 作为下一个顺序编号,即第二个顺序编号为 020,以此类推;当有新的属性需要在某两个属性之间插入时,新插入属性的代码为其前后两个属性顺序号的中间序号,如在 010 与 020 序号之间插入新序号,则新序号编码为 015。

示例:地质灾害调查基本信息实体对象编码为 ZHAA01A。

实体对象属性 1:灾害点唯一编号对应实体属性编码为 ZHAA01A010。

实体对象属性 2:灾害点名称对应实体属性编码为 ZHAA01A020。

2.3.3 空间数据规范

空间数据库结构主要包括空间要素分类、代码、几何类型、分层与属性表名、属性值代码。空间数据结构可按已有标准规范设计,有以下标准规范可参考:①国土资源部信息中心《国土资源信息高层分类编码及数据文件命名规则》(GX199900X—200X);②《数字地质图空间数据库》(DD2006—06);③中国地质调查局工作标准《地质图空间数据库建设工作指南》2.0 版;④《数字化地质图图层及属性文件格式》(DZ/T 0197—1997);⑤中国地质环境监测院《1:50 万环境地质调查空间数据库建设工作指南及相关技术要求》1.0 版;中国地质环境监测院《县(市)地质灾害调查与区划信息化成果技术要求》。

2.3.3.1 编号及命名规则

编号及命名规则包括空间数据元数据编号规则、图层命名规则、属性表命名规则、属性表字段命名规则,参照《全国地质环境代码规则库编码规范》中的"地质环境空间数据代码设计"规则编码。

(1)空间数据元数据名称编制的代码由 13 位编码组成,如图 2-14 所示。

第一至第二位为"YS"。

第三位为数据类别,包含 J 区域基础地理数据、Z 区域专题空间数据、T 灾害点(体)空间数据、C 成果空间数据。

第四位为数据分类,包含①基础地理空间数据,按 A~Z 顺序编码,如 A 卫星图片数据、

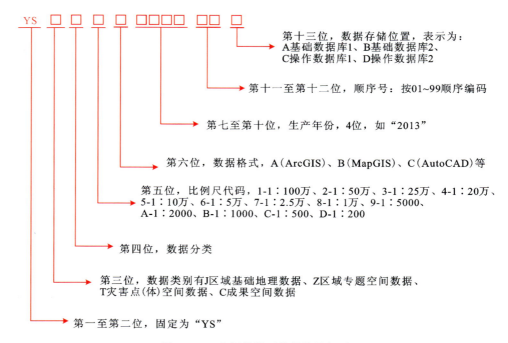

图 2-14 空间数据元数据编号规则

B 航摄图片数据、C 正射影像数据、D 数字地面模型、E 数字高程模型、F 数字线划数据、G 三维模型数据；②专题空间数据，与图类代码相同，如 S 水文地质、G 工程地质、H 灾害地质、Q 气象、Z 地质灾害、R 人文经济、J 监测预警、K（地质）勘察、F（防）治理工程、B 搬迁避让、Y 遥感、C 成果图件；③灾害点（体）空间数据，如 L 地形图、D 地质图、J 监测网点分布图、S 治理工程设计图、G 治理工程竣工图、Z 钻孔柱状图、K 勘探线剖面图；④成果空间数据，如 A 图片数据、B 矢量数据。

第五位为比例尺代码，与图层比例尺代码相同（1-1∶100 万、2-1∶50 万、3-1∶25 万、4-1∶20 万、5-1∶10 万、6-1∶5 万、7-1∶2.5 万、8-1∶1 万、9-1∶5000、A-1∶2000、B-1∶1000、C-1∶500、D-1∶200）。

第六位为数据格式，包含 A（ArcGIS）、B（MapGIS）、C（AutoCAD）等。

第七至第十位为生产年份，共 4 位。

第十一至第十二位为顺序号，按 01～99 顺序编码。

第十三位为数据存储位置，包含 A 基础数据库 1、B 基础数据库 2、C 操作数据库 1、D 操作数据库 2。

例如：人文经济空间数据元数据编号为 YSZR8A200901。

（2）图层编码。对空间数据中图层的划分根据中华人民共和国地质矿产行业标准《数字化地质图图层及属性文件格式》（DZ/T 0197—1997）。

数字化地质图以图幅为单位进行管理，划分的图层在不同图幅中都是一致的。建立 GIS 系统以图层为单元进行管理。为保证多幅图拼接后每个图形信息及相应属性信息的独立性，防止图层名重复出现，图层编码由 7 位 ASCII 码构成，如图 2-15 所示。

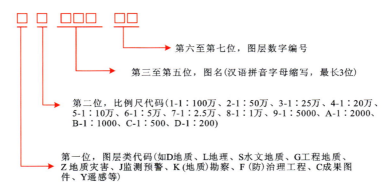

图 2-15　图层编码规则

编码中的一些相关规定如下。

①图层类代码为相关专业术语的汉语拼音的首字母，如首字母与已有图层类代码相同，则为专业术语第二个字拼音的首字母。每一图层类还可分若干图层，由编码结构中最后两位数字顺序编码。

②图层名命名时，若图名超过 3 个汉字，则取前两个字和最后一个字的汉语拼音的首字母。若图层名出现重名时，则前两位不变，第三位改为数字顺序编号。

③图层名编码有时需要直接采用国标分幅号编码，此时应编制与空间数据元数据编码规则第 1~3 位代码的对照表，以实现数据交换。

④每个图层的点、弧段或多边形有不同属性表，每种属性表需确定名称。编码结构是在图层编码后加一识别码，取属性表主要含义的一个汉语拼音的首字母表示。

（3）属性表编码规则为图层编码＋标识符。属性表编码由 8 位 ASCII 码构成，如图 2-16 所示。

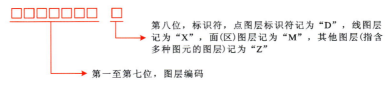

图 2-16　属性表编码规则

第一至第七位：图层编码，参照"图层编码规则"编码。

第八位：标识符，在 ArcGIS 中，一个图层只有一张属性表，统一规定将点图层标识符记为"D"，线图层记为"X"，面(区)图层记为"M"，其他图层(指含多种图元的图层)记为"Z"。

例如：人文经济码头点图层码头点属性表编号为：R8RWK01D。

（4）属性表字段编码规则为属性表编号＋3 位数字码。属性表字段编码由 11 位 ASCII 码构成，如图 2-17 示。

第一至第八位：属性表编码，参照"属性表编码规则"编码。

第九至第十一位：字段顺序号，为 3 位数字码，如 010、020。

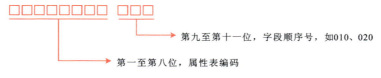

图 2-17 实体编码规则

例如：人文经济码头点图层码头属性表中，数据项"码头名称"字段名为 R8RWK01D010，其中 R8RWK01 为图层编号，R8RWK01D 为码头点属性表编号，010 为字段顺序号。

2.3.3.2 图层划分原则

(1) 按需求将地质图图素内容划分成为若干个图层。
(2) 相同逻辑内容的空间信息一般放在一个图层之中。
(3) 图层划分要适应 GIS 软件功能特点，相同的图层、图元类型将拥有且只可能拥有相同的属性表和属性结构。

2.3.4 空间数据转换与处理

地质环境信息系统涉及众多的空间信息，其中包括大比例尺基础地形图数据、遥感影像数据、数字高程模型、数字线画图、三维模型数据和测量控制点数据。综合库需要标准的数据，因此需要对空间数据进行处理分析，构建统一的、标准的地质环境信息空间数据库。

2.3.4.1 数据统一化处理

空间数据的采集方式不同、数据来源不同，会导致成果数据的格式、坐标系统、投影参数等各不相同。所以在建库之前，需要将各种不同来源的数据的格式进行统一。针对目前的数据现状，所有非 ArcGIS 格式的数据（主要是 MapGIS 格式的数据）都要转成 ArcGIS 格式的 SHP 文件或者 MDB 文件，坐标系统统一采用云南省地质环境系统所要求的坐标系统。遥感影像数据统一采用 TIF 格式。

2.3.4.2 数据标准化处理

所有数据在入库之前，首先遵循《地质环境信息空间数据库标准》，对数据内容进行标准化处理，以便构建统一的适合地质环境应用的基础地理信息，主要内容包括基础地形图的绘编、缩编处理，属性数据格式的统一化处理，遥感影像的几何纠正处理等。

2.4 数据字典管理规范

综合库中的数据库元数据均纳入数据字典进行管理，包括数据文件字典（数据表元数据）、数据文件属性字典（数据表字段元数据）、数据文字值字典、数据项关系字典、空间数据图层及属性字典、非空间数据字典。对于数据文字值字典有规范来源的，则需要在元数据中注明。

2.4.1 数据文件字典

数据文件字典用于存放系统所有关系子模型的数据表名、关键字、存放路径、数据更新时间、网络接收时间等信息,为整个系统关系子模型的修改、扩充和连接服务,如表2-3所示。

表2-3 数据文件字典表

数据表名	数据文件字典	表编码	ZDAA01A		索引关键词			TABLE_CODE	
字段名	汉字名	数据项名称	数据类型	数据长度	小数位	单位	缺省值	空值	合法性检查	字段说明
ZDAA01A010	表文件名	TABLE_NAME	VC	50						汉字名
ZDAA01A020	表编号	TABLE_CODE	C	7						按统一编码
ZDAA01A030	主关键字	PRIMARYKEY	VC	100						
ZDAA01A040	索引关键字	ND_NAME	VC	100						
ZDAA01A050	关键字说明	KEY_CAPT	VC	100						
ZDAA01A060	表路径	TABLE_PATH	VC	50						
ZDAA01A070	备份次数	BACKUP	N	3						
ZDAA01A080	数据更新日期	DATA_RD	D	8						
ZDAA01A090	网络接收时间	NETDATAT	D	8						
ZDAA01A100	表说明	TABLE_CAPT	VC	100						

2.4.2 数据文件属性字典

数据文件属性字典是对系统所有数据关系子模式属性进行描述,包括字段名及其说明、字段类型、长度、小数位、单位等。该字典起着恢复和传送各关系子模式属性参数的作用,也是进行数据维护、数据服务的重要工具,如表2-4所示。

表中"字段名"由数据表代码(7位)加3位数字码组成,这是系统内一项关于字段名的具有唯一性的编码,主要用于系统内部管理、系统维护、查询。由于名词术语代码字典的编制、审批工作滞后于系统开发的进程,随着标准化工作的深入及名词术语代码字典编制工作的完成,数据表字段名将以标准化的数据项代码命名(统一更新),表中"空值"不同于字符型字段的"空格",也不同于数值型字段的"0","空格"与"0"都是一种值,这里"空值"表示该数据项值没有或不知道的情况。

表 2-4 数据文件属性字典表

数据表名	数据文件属性字典	表编码		ZDBA01A	索引关键词				FIELD_CODE	
字段名	汉字名	数据项名称	数据类型	数据长度	小数位	单位	缺省值	空值	合法性检查	字段说明
ZDBA01A010	字段代码	FIELD_CODE	C	10						
ZDBA01A020	汉字名	FIELD_CHIN	VC	100						
ZDBA01A030	数据项名	FIELD_NAME	VC	30						
ZDBA01A040	类型	FIELD_TYPE	C	10						
ZDBA01A050	长度	FIELD_LEN	N	4						
ZDBA01A060	小数位	FIELD_DEC	N	2						
ZDBA01A070	单位	U_NAME	VC	20						
ZDBA01A080	缺省值	FIELD_DEFA	VC	50						
ZDBA01A090	空值	FIELD_NULL	L	1						字段值是否允许为空值
ZDBA01A100	文字值代码	CODE	L	1						是否有文字值代码
ZDBA01A110	合法性检查	LEGALCHECK	VC	100						指数据项约束条件
ZDBA01A120	函数关系	FUNCTION	C	1						指具有函数关系的数值型字段,1为因变量,2为自变量,3既为因变量又为自变量,空为无函数关系
ZDBA01A130	字段说明	FIELD_CAPT	VC	200						对数据项含义进行定义或说明
ZDBA01A140	英译名		VC	100						
ZDBA01A150	数据表名		VC	10						

2.4.3 数据文字值字典

数据文字值字典主要是对数据项的文字值进行描述,包括属性汉字名、属性代码。

文字值连接代码字典和数据文字值字典如表2-5和表2-6所示。

常用的数据文字值有地质灾害属性数据代码,如表2-7所示。

表2-5 文字值连接代码字典表

数据表名	文字值连接代码字典	表编码	ZDCB01A	索引关键词	WORD_LINK					
字段名	汉字名	数据项名称	数据类型	数据长度	小数位	单位	缺省值	空值	合法性检查	字段说明
ZDCB01A010	文字值连接代码	WORD_LINK	VC	30						文字值连接代码
ZDCB01A020	汉字名	WORD_CHIN	VC	200						
ZDCB01A030	英译名	WORD_ENGL	VC	200						
ZDCB01A040	说明	WORD_CAPT	VC	1000						

表2-6 数据文字值字典表

数据表名	数据文字值字典	表编码	ZDCB01B	索引关键词	WORD_LINK+WORD_CODE					
字段名	汉字名	数据项名称	数据类型	数据长度	小数位	单位	缺省值	空值	合法性检查	字段说明
ZDCB01B010	文字值连接代码	WORD_LINK	VC	30				N		
ZDCB01B020	文字值汉字名	WORD_CHIN	VC	1000				N		
ZDCB01B030	文字值代码	WORD_CODE	VC	200				N		
ZDCB01B040	文字值英译名	WORD_ENGL	VC	60						
ZDCB01B050	文字值含义诠释	WORD_EXPL	VC	200						

表2-7 地质灾害属性数据代码

字典代码	字典名词	字典内容
AZHL000001	临时安置点选址	A:临时安置点选址不合理;B:临时安置点有隐患;C:临时安置点基本合理
BQ00000001	场所级别	A:市;B:区县;C:乡镇;D:街道社区;E:村
BQ00000002	场所类型	A:场地;B:场所
BQ00000003	搬迁资金来源	A:中央资金;B:省级资金;C:州级自筹;D:县级自筹;E:其他自筹

续表 2-7

字典代码	字典名词	字典内容
BQ00000004	搬迁性质	A:集中搬迁;B:零散搬迁;C:就近搬迁;D:易地搬迁;Z:其他
BT00000001	崩塌类型	A:倾倒式;B:滑移式;C:鼓胀式;D:拉裂式;E:错断式
BT00000002	变形迹象	A:极强;B:强;C:显著;D:弱;E:极微弱;F:无
BT00000003	崩塌控制面结构子表;控制面结构类型	A:层理面;B:片理或劈理面;C:节理裂隙面;D:覆盖层与基岩接触面;E:层内错动带;F:构造错动带;G:断层;H:老滑面
BT00000004	堆积体稳定性	A:稳定性好;B:稳定性较差;C:稳定性差
BT00000005	堆积体坡面形态	A:凸形;B:凹形;C:直线;D:阶状;E:复合
BT00000006	灾害点类型	00:不稳定斜坡;01:滑坡;02:崩塌;03:泥石流;04:地面塌陷;05:地面沉降;06:地裂缝
BT00000007	变形发育史-诱发因素	A:降雨;B:开挖;C:河流冲刷;D:地震;E:其他
BT00000008	隐患点现状	A:正常;B:核销
BTP0000001	崩塌排查记录-诱发因素	A:降雨;B:地震;C:冰雪冻融;D:风化;E:卸荷;F:斜坡陡峭;G:人工加载;H:开挖坡脚;I:河流冲刷;J:爆破振动;K:植被破坏;L:节理发育;M:动水压力;Z:其他
BTP0000002	主要活动迹象	A:拉张裂缝;B:剪切裂缝;C:地面沉降;D:地面隆起;E:建筑变形;F:落石;Z:其他
BTP0000003	现有防治措施	A:搬迁避让;B:警示标志;C:监测预警;D:裂缝填埋;E:地表排水;F:地下排水;G:支挡;H:锚固;I:坡形改造;J:坡面防护;K:反压坡脚;L:灌浆;M:植树种草;N:尚未落实;Z:其他
BTP0000004	现有防治措施	A:排危除险;B:临时转移避让;C:部分搬迁;D:整村搬迁;E:监测预警;F:建议核销;G:群测群防;H:工程治理
BTP0000005	崩塌排查记录-斜坡类型	A:土质斜坡;B:碎屑岩斜坡;C:碳酸盐斜坡;D:变质岩斜坡;E:结晶岩斜坡;Z:其他
BZAA01A050	标准级别	DB:地方标准;GB:国家标准;HB:行业标准;QB:企业标准
CB00000001	储备库级别	1:小型;2:中型;3:大型
CB00000002	防治工程级别	1:Ⅰ级;2:Ⅱ级;3:Ⅲ级
CB00000003	项目状态	0:填报中;1:县级通过;2:县级不通过;3:市级通过;4:市级不通过;5:省级通过;6:省级不通过;7:入库
CB00000004	行政级别	1:县级填报;2:市级填报;3:省级填报
CB00000005	实施级别	1:县级;2:市级;3:省级

续表 2-7

字典代码	字典名词	字典内容
CDBT000001	采矿塌陷	A:顶板冒落;B:加载;C:顶板破碎体地下水流强烈下泄;D:管道渗漏;E:深井抽水;F:矿坑排水;G:工程活动
CDBT000002	名称	A:拉张裂缝;B:剪切裂缝;C:地面隆起;D:地面沉降;E:剥蚀;F:树木歪斜;G:建筑变形;H:冒渗浑水
CDBT000003	发展趋势	A:停止;B:尚在发展
CDBT000004	不稳定斜坡控制面结构类型子表:控制面结构类型	A:层理面;B:片理或劈理面;C:节理裂隙面;D:覆盖层与基岩接触面;E:层内错动带;F:构造错动带;G:断层;H:老滑面
CDBT000005	溶洞发育强弱	A:强;B:弱
CDBT000006	溶洞塌陷	A:地震;B:其他地震;C:地面加载;D:水库蓄水;E:其他水位骤变;F:溶蚀剥蚀;G:工程活动
CDBT000007	微地貌	A:平原;B:山间凹地;C:河边阶地;D:山坡;E:山顶
CDBT000008	灾害类型	00:不稳定斜坡;01:滑坡;02:崩塌;03:泥石流;04:地面塌陷;05:地面沉降;06:地裂缝;07:其他
CDBT000009	诱因发展趋势	A:扩大趋势;B:停止
CDBT000010	隐患点现状	A:正常;B:核销
CDBW000001	坡面形态	A:凹;B:凸;C:直;D:阶
CDBW000002	变形迹象	A:拉张裂缝;B:剪切裂缝;C:地面隆起;D:地面沉降;F:剥蚀;G:建筑变形;H:冒渗浑水
CDBW000003	地下水补给类型	A:降雨;B:地表水;C:融雪;D:人工
CDBW000004	地下水类型	A:空隙岩;B:裂隙岩;C:岩溶岩
CDBW000005	地下水露头	A:上升泉;B:下降泉;C:湿地
CDBW000006	防治建议	A:避让;B:裂缝填埋;C:加强监测;D:地表排水;E:地下排水;F:削方减载;G:坡面防护;H:反压坡脚;I:支挡;J:锚固;K:灌浆;L:植树种草;M:坡改梯;N:水改旱;O:减少振动
CDBW000007	监测建议	A:定期目视检查;B:安装简易监测设施;C:地面位移监测;D:深部位移监测
CDBW000008	今后变化趋势	A:稳定;B:基本稳定;C:不稳定
CDBW000009	可能失稳因素	A:降雨;B:地震;C:人工加载;D:开挖坡脚;E:坡脚冲刷;F:坡脚浸润;G:坡体切割;H:风化;I:卸荷;J:动水压力;K:爆破振动
CDBW000010	控制面类型	A:层理面;B:片理或劈理面;C:节理裂隙面;D:覆盖层与基岩接触面;E:层内错动带;F:构造错动带;G:断层;H:老滑面

续表 2-7

字典代码	字典名词	字典内容
CDBW000011	目前稳定程度	A:稳定;B:基本稳定;C:不稳定
CDBW000012	土地利用	A:耕地;B:草地;C:灌木;D:森林;E:裸露;F:建筑
CDBW000013	土体密实度	A:密实;B:中密;C:稍密;D:松散
CDBW000014	微地貌	A:陡崖(>60°);B:陡坡(25°~60°);C:缓坡(8°~25°);D:平台(≤8°)
CDBW000016	相对河流位置	A:左岸;B:右岸;C:凹岸;D:凸岸
CDBW000017	斜坡结构类型	A:土质斜坡;B:碎屑岩斜坡;C:碳酸盐岩斜坡;D:结晶岩斜体;E:变质岩斜坡;F:平缓层状斜坡;G:顺向斜坡;H:斜向斜坡;I:横向斜坡;J:反向斜坡;K:特殊结构斜坡
CDBW000018	斜坡类型	A:自然岩质;B:自然土质;C:人工岩质;D:人工土质
CDBW000019	岩体结构类型	A:块体状;B:块状;C:层状;D:块裂;E:碎裂;F:散体
CDDLF00002	抽排水类型	A:井;B:钻孔;C:坑道
CDDLF00003	地震诱发因素	A:地震;B:断层活动
CDDLF00004	裂缝地貌	A:山顶;B:山坡;C:山脚;D:平原
CDDLF00005	裂缝发展预测	A:缝数增多;B:原有裂缝加大;C:活动强度增加
CDDLF00006	裂缝活动性	A:停止;B:仍有活动
CDDLF00007	裂缝形态	A:直线;B:折线;C:弧线
CDDLF00008	裂缝性质	A:拉张;B:平移;C:下错
CDDLF00009	裂缝与地貌走向关系	A:平行;B:斜交;C:横交
CDDLF00011	目前排水情况	A:仍在继续;B:已经停止
CDDLF00012	膨胀土诱发因素	A:水理作用;B:开挖卸荷作用;C:其他作用引起的干湿变化
CDDLF00013	膨胀性	A:强;B:中;C:弱
CDDLF00014	成因类型	A:地下开挖引起;B:抽排地下水引起;C:地震和构造活动;D:胀缩土引起
CDDMCJ0002	土体结构	A:单层;B:双层;C:多层
CDDMCJ0003	造成危害状况	A:海水倒灌;B:港口码头或堤岸失效;C:桥梁净空减少;D:农田积水;E:建筑物地下室净空减少;F:城市排水不畅;G:涝渍灾害;H:井管上升;I:沼泽化;J:地表建筑物破坏;K:地下建筑物破坏
CDHP000001	地貌因素	A:斜坡陡峭;B:坡脚遭侵蚀;C:超载堆积
CDHP000002	地质因素	A:节理极度发育;B:结构面走向与坡面平行;C:结构面倾角小于坡脚;D:软弱基座;E:透水层下伏隔水层;F:土体/基岩接触;G:破碎风化岩/基岩接触;H:强/弱风化层面接触

续表 2-7

字典代码	字典名词	字典内容
CDHP000003	复活诱发因素	A:降雨;B:地震;C:人工加载;D:开挖坡脚;E:坡脚冲刷;F:坡脚浸润;G:坡体切割;H:风化;I:卸荷;J:动水压力;K:爆破振动
CDHP000004	滑带土名称	A:黏土;B:粉质黏土;C:含砾黏土
CDHP000005	滑面形态	A:线形;B:弧形;C:阶形;D:起伏
CDHP000006	滑坡类型	A:崩塌;B:倾倒;C:滑动;D:侧向扩离;E:流动;F:复合
CDHP000007	滑坡平面形态	A:半圆;B:矩形;C:舌形;D:不规则
CDHP000008	滑坡剖面形态	A:凸形;B:凹形;C:直线;D:阶梯;E:复合
CDHP000009	滑坡时代	A:老滑坡;B:现代滑坡
CDHP000010	滑体结构	A:可辨层次;B:零乱
CDHP000011	人为因素	A:削坡过度;B:坡脚开挖;C:坡后加载;D:蓄水位涨落;E:植被破坏;F:爆破振动;G:渠塘渗漏;H:灌溉渗漏
CDHP000012	土地使用	A:旱地;B:水田;C:草地;D:灌木;E:森林;F:裸地;G:建筑
CDHP000013	物理因素	A:风化;B:融冻;C:胀缩;D:累进性破坏造成的抗剪强度降低;E:孔隙水压力高;F:洪水冲蚀;G:水位陡涨陡落;H:地震
CDHP000014	原始坡形	A:凸形;B:凹形;C:平直;D:阶状
CDHP000015	主导因素	A:暴雨;B:地震;C:工程活动
CDHP000016	目前稳定状态	A:稳定;B:基本稳定;C:不稳定
CDHP000017	发展趋势分析	A:稳定;B:基本稳定;C:不稳定
CDHP000018	规模等级	A:巨型;B:大型;C:小型;D:中型;E:特大型
CDNSL00001	补给区位置	A:上游;B:中游;C:下游
CDNSL00002	不良地质现象	A:严重;B:中等;C:轻微;D:一般
CDNSL00003	地质构造	A:顶沟断层;B:过沟断层;C:抬升区;D:沉降区;E:褶皱;F:单斜
CDNSL00004	堆体规模	A:大;B:中;C:小
CDNSL00005	发展阶段	A:形成期;B:发展期;C:衰退期;D:停歇或终止
CDNSL00006	防治措施现状	A:有;B:无
CDNSL00007	防治建议	A:避让;B:裂缝填埋;C:加强监测;D:地表排水;E:地下排水;F:削方减载;G:坡面防护;H:反压坡脚;I:支挡;J:锚固;K:灌浆;L:植树种草;M:坡改梯;N:水改旱;O:减少振动
CDNSL00008	防治类型	A:稳定;B:排导;C:避绕;D:生物工程
CDNSL00009	沟口扇形	A:大;B:中;C:小;D:无

续表 2-7

字典代码	字典名词	字典内容
CDNSL00010	滑坡规模	A:大;B:中;C:小
CDNSL00011	滑坡活动	A:严重;B:中等;C:轻微
CDNSL00012	挤压大河	A:河道弯曲主流偏移;B:主流偏移;C:主流只在高水位偏移;D:主流不偏
CDNSL00013	监测措施	A:有;B:无
CDNSL00014	监测类型	A:雨情;B:泥位;C:专人值守
CDNSL00015	泥沙补给途径	A:面蚀;B:沟岸崩塌;C:沟底再搬运
CDNSL00016	泥石流类型	A:泥流;B:泥石流;C:水石流
CDNSL00018	人工弃体	A:严重;B:中等;C:轻微
CDNSL00019	扇形地发展趋势	A:下切;B:淤高
CDNSL00020	水动力类型	A:暴雨;B:冰川;C:溃决;D:地下水
CDNSL00021	相对主河位置	A:左岸;B:右岸
CDNSL00022	新结构影响	A:强烈上升区;B:上升区;C:相对稳定区;D:沉降区
CDNSL00023	岩性因素	A:土及软岩;B:软硬相间;C:风化和节理发育的硬岩;D:硬岩
CDNSL00024	易发程度	A:高易发;B:中易发;C:低易发;D:不易发
CDNSL00025	威胁对象	A:县城;B:村镇;C:铁路;D:公路;F:饮灌渠道;G:水库;H:电站;I:工厂;J:矿山;L:森林;M:输电线路;N:通信设施;O:国防设施;P:居民点;Q:学校;R:农田;S:大江大河;T:其他
CDNSL00026	自然堆积	A:严重;B:中等;C:轻微
CDXP000013	稳定状态	A:稳定(不易发);C:不稳定(高易发);F:较稳定(中易发)
CDXP000015	险情等级	A:特大型;B:大型;C:中型;D:小型
CDXP000016	灾情等级	A:特大型;B:大型;C:中型;D:小型
CSLJC00001	占地类型	A:耕地;B:荒地;C:弃沟;D:沟渠;E:山谷
CSLJC00002	补给类型	A:降水;B:地表水;C:人工
CSLJC00003	填埋体形状	A:矩形;B:椭圆;C:圆形;D:不规则
CSLJC00004	可能污染途径	A:孔隙;B:构造裂隙;C:采水井;D:岩溶管道
CSLJC00005	介质类型	A:孔隙;B:裂隙;C:岩溶
CSLJC00006	占地修复难度	A:难;B:易
CSLJC00007	地貌	A:平原;B:坡麓;C:河滩;D:河床;E:阶地;F:沟谷;G:其他
CSLJC00008	承压性质	A:潜水;B:承压水
CSLJC00009	居民点所在风向	A:上风口;B:下风口;C:其他

续表 2-7

字典代码	字典名词	字典内容
CSLJC00010	垃圾种类	A:生活;B:工业;C:建筑;D:混合
CSLJC00011	堆埋方式	A:随意堆放;B:简单堆放;C:简单填埋;D:卫生填埋
CSLJC00012	不良填埋部位	A:坍塌地带;B:断裂带;C:洼地或溶洞;D:砂石坑;E:其他
CSLJC00013	堆置状态	A:停止;B:进行
CSLJC00014	地下水污染程度	A:未污染;B:轻微;C:重;D:严重
CSLJC00015	场地稳定性	A:稳定;B:基本稳定;C:不稳定
CSLJC00016	渗透系数	A:<0.000 000 1;B:0.000 000 1～0.000 01;C:>0.000 01
CSLJC00017	与旅游胜地、重要设施距离	A:<10;B:>10
CSLJC00018	包气带黏性土层厚度	A:<3;B:2～10;C:>10
CSLJC00019	与居民点距离	A:<500;B:500～800;C:>800
CSLJC00020	地形坡度	A:<8;B:7～25;C:>25
CSLJC00021	与地表水的距离	A:<800;B:>800
CSLJC00022	有无防渗漏措施	A:有;B:无
CSLJC00023	泉水排泄	A:有;B:无
CSLJC00024	地表岩性	A:黏性土;B:粉土;C:砂土;D:基岩
CSWR000001	取样井类型	A:机井;B:民井
CSWR000002	开采方式	A:长期开采;B:间歇开采
CSWR000003	地下水出露类型	A:泉;B:井
CSWR000004	取水层位	A:潜水含水层;B:第一承压含水层;C:第二承压含水层;D:第三承压含水层;E:第四承压含水层;F:基岩裂隙(岩溶)
CSWR000005	地下水类型	A:孔隙水;B:裂隙水;C:岩溶水;D:其他
CSWR000006	松散沉积物	A:砾石;B:粗砂;C:中砂;D:细砂;E:粉砂;F:冰碛物;G:黄土
CSWR000007	沉积岩	A:砾岩;B:粗砂岩;C:中砂岩;D:细砂岩;E:石灰岩;F:白云岩;G:煤层;H:泥;I:页岩
CSWR000008	火成岩变质岩	A:结晶岩;B:火山岩;C:变质岩
CSWR000009	地下水系统中位置	A:补给区;B:径流区;C:排泄区
CSWR000010	附近地表水体	A:河;B:湖(塘);C:渠;D:污水沟;E:其他
CSWR000011	补排关系	A:补给地下水;B:排泄地下水
CSWR000012	污染源类型	A:点;B:线;C:面
CSWR000013	排放方式	A:连续排放;B:间歇排放

续表 2-7

字典代码	字典名词	字典内容
CSWR000014	排放去向	A:河;B:湖(塘);C:渠;D:污水沟;E:污灌;F:其他
CSWR000015	影响及危害	A:病原菌;B:酸;C:碱;D:氮;E:磷;F:农药;G:重金属;H:溶剂;I:石油;J:其他
CSWR000016	污染途径	A:间歇垂直入渗;B:连续垂直入渗;C:侧向径流;D:越流
CSWR000017	地表水体质量	B:Ⅱ类;C:Ⅲ类;A:Ⅰ类;D:Ⅳ类
CSWR000018	地表水污染物	A:病原菌;B:酸;C:碱;D:氮;E:磷;F:农药;G:重金属;H:溶剂;I:石油;J:其他
DJ00000001	动态监测类型	A:泥水位;B:广播站;C:土壤墒情;D:深部位移;E:测斜;F:地下水位水温;G:渗压计;H:次声;I:土压力;J:孔隙水压力;K:土壤含水率;L:扬压力;M:GNSS基准站;N:含水率;O:GNSS监测站;P:GNSS移动站;Q:地下水位;R:裂缝伸缩仪;S:视频;T:泥位;U:雨量;V:预警伸缩仪;W:表面位移;X:浸润线;Y:显示屏;Z:地声
DJ00000002	预警级别	1:红;2:橙;3:黄;4:蓝
DJ00000003	监测类型	A:孔隙水压力;B:地下水;C:次声;D:泥水位;E:土体沉降;F:表面位移;G:地表裂缝;H:深部位移;I:扬压力;J:土压力;K:浸润线;L:土壤含水率;M:雨量;N:地声;O:视频;P:GNSS地表位移;Q:地表变形;R:显示屏;S:告警系统;T:广播站;U:其他
DJ00000004	设备防护条件	0:好;1:较好;2:中;3:差
DJ00000005	监测数据传输方式	0:××传输;1:××传输
DJ00000006	传感器类型	A:深部位移;B:测斜;C:地下水位水温;D:泥位;E:渗压计;F:次声;G:地声;H:土压力;I:孔隙水压力;J:表面位移;K:预警伸缩仪;L:雨量;M:GNSS移动站;N:GNSS基准站;O:泥水位;P:含水率
DLF0000001	成因类型	A:地下开挖引起;B:抽排地下水引起;C:地震和构造活动引起;D:胀缩土引起
DLF0000002	裂缝区地貌特征	A:山顶;B:山坡;C:山脚;D:平原;E:缓坡台地
DLF0000003	裂缝与地貌走向关系	A:平行;B:斜交;C:横交
DLF0000004	目前发展情况	A:趋增强;B:趋减弱;C:停止
DLF0000005	群缝排列形式	A:平行;B:斜列;C:环围;D:杂乱无章
DLF0000006	单缝形态	A:直线;B:折线;C:弧线
DLF0000007	单缝性质	A:拉张;B:平移;C:下错
DLF0000008	单缝活动性	A:停止;B:仍有活动;C:趋增强;D:趋减弱

续表 2-7

字典代码	字典名词	字典内容
DLF0000009	胀缩土膨胀性	A:强;B:中;C:弱
DLF0000010	抽排地下水类型	A:井;B:坑道;C:钻孔
DLF0000011	水理作用水源	A:降雨;B:水库水;C:地表水;D:地下水
DLF0000012	水理作用类型	A:开挖卸荷作用;B:其他作用引起的干湿变化
DLF0000013	发展预测	A:缝数增多;B:原有裂缝加大;C:活动强度增加
DLF0000014	引发动力因素	A:地下洞室开挖;B:抽排地下水;C:地震;D:水理作用
DLF0000015	裂缝类型	A:图层裂缝;B:基岩裂缝
DMT0000001	多媒体类型	A:平面示意图;B:剖面示意图;C:照片;D:多媒体(文档);E:素描图;F:音频;G:视频;H:其他示意图;I:遥感图像;J:野外记录记录;K:栅格撤离路线图
DMTX000001	排列形式	A:群集式;B:长列式
DMTX000002	裂缝排列形式	A:群集式;B:长列式;C:平行;D:斜列;E:环围;F:杂乱无章
DMTX000003	尚在发展	A:趋增强;B:趋减弱
DMTX000004	成因类型	A:溶洞型塌陷;B:土洞型塌陷;C:冒顶型塌陷
DMTX000005	塌陷区地貌特征	A:平原;B:山间凹地;C:河边阶地;D:山坡;E:山顶;F:缓坡台地
DMTX000006	井泉干枯	A:干枯;B:不干枯
DMTX000007	单体陷坑形状	A:圆形;B:方形;C:矩形;D:不规则形;E:短型
DMTX000008	单体陷坑发展变化	A:停止;B:尚在发展;C:趋增强;D:趋减弱
DMTX000009	阻断交通	A:铁路;B:公路;C:通信
DMTX000010	地下水源枯竭	A:河水流量减少;B:断流;C:井泉水流量减少;D:水位降低;E:干枯
DMTX000011	地下水井突水	A:水量增大;B:成灾损失;C:淹井损失
DMTX000012	岩溶塌陷岩层发育程度	A:强;B:弱
DMTX000013	岩溶塌陷诱发动力因素	A:地震;B:其他振动;C:地面加载;D:水库蓄水;E:其他水位骤变;F:溶蚀剥蚀
DMTX000014	土洞塌陷诱发动力因素	A:深井抽水;B:江河水位变化;C:地面加载;D:振动
DMTX000015	冒顶塌陷诱发动力因素	A:坑道挖掘顶板冒落;B:洞室顶部破碎岩土体地下水流强烈下泄
DMTX000016	冒顶塌陷重复采动	A:是;B:否

续表 2-7

字典代码	字典名词	字典内容
DMTX000017	多媒体所属业务类型	A:地质灾害;B:地下水;C:地质遗迹;D:矿山;E:宝玉石;F:地热;G:水文地质
DMTYSF0001	是否核销	0:未核销;1:已核销
DRJ0000001	地热井野外调查	A:不锈钢;B:塑料;C:钢管;D:其他
DRJ0000002	地热井类型	A:地质钻孔;B:普查钻孔;C:勘探钻孔;D:水文地质钻孔;E:工程地质钻孔;F:工程施工钻孔;G:供水钻孔;H:水文地质勘察孔;I:水文地质试验孔;J:勘探-开采孔;K:水文地质观测孔;L:动态观测孔;M:辅助观测孔;N:生产孔;O:报废孔
DRJWQLT001	地热井(温泉)流体质量监测数据表-色度	A:浅蓝色;B:淡灰色;C:锈色;D:翠绿色;E:红色;F:暗红色;G:暗黄色;H:无色
DRJWQLT002	地热井(温泉)流体质量监测数据表－嗅(味)	A:咸味;B:涩味;C:苦味;D:甜味;E:墨水味;F:沼泽味;G:酸味;H:清凉可口
DRJWQLT003	地热井(温泉)流体质量监测数据表-味(气味)	A:极强;B:强;C:显著;D:弱;E:极微弱;F:无
DRJZHMS001	测井方法	A:视电阻率;B:自然电位;C:天然放射性;D:井中电视;E:井温;F:声波;G:密度;H:测斜;I:井径
DRKFLY0001	地热资源类型	A:隆起山地对流型;B:沉积盆地传导型
DRZHPJ0001	评价方法	A:地表热流量法;B:热储法;C:解析模型法;D:统计分析法;E:数值模型法;F:比拟法
DRZY000001	开发利用方向	A:地热发电;B:地热采暖;C:温室种植;D:水产养殖;E:农田灌溉;F:医疗保健;G:矿泉饮料;H:工业利用及其他
DS00000001	仪器使用状态	A:正常;B:维护;C:报废
DS00000002	监测井分类	01:国家级;02:省级
DS00000003	监测井类型	01:专门孔;02:机民井;03:泉
DS00000004	监测手段	01:自动监测;02:人工监测
DXSGCJ0001	所属类型区	A:复杂区;B:中等区;C:一般区
DXSGCJ0002	观测井类别	A:常观井;B:统测井;C:一般监测井;D:开采井
DXSGCJ0003	观测井级别	A:国家级;B:省级;C:地区级;D:一般
DXSWTC0001	是否做抽水试验	A:是;B:否
DXSWTC0002	统测期	A:枯水期;B:丰水期;C:年末
DY00000001	区域类型	A:公园;B:集中区;C:保护区

续表 2－7

字典代码	字典名词	字典内容
DY00000002	媒体类型	A:图标;B:图片;C:推荐函;D:申报书;E:画册;F:总体规划;G:影视片;H:文献
DY00000003	研究类型	A:研究成果;B:研究报告;C:科研项目;D:历史资料;E:论文;F:专著
DY00000004	评价等级	A:世界级;B:国家级;C:省级;D:省以下级
DY00000005	保护等级	A:特级;B:一级;C:二级;D:三级
DY00000006	公园级别	A:世界级;B:国家级;C:省级
DZZX000001	项目阶段	A:初选;B:立项;C:可研;D:设计;E:施工;F:项目勘查;G:项目实施;H:初验;I:终验;J:后期保护
DZZX000002	资金来源	A:中央;B:省;C:市;D:县;Z:其他
DZZX000003	资金类别	A:中央财政补助项目资金;B:中央财政切块专项资金;C:省预算内专项资金;D:省级财政专项资金;E:市级配套资金;F:县级配套资金;Z:其他
DZZX000004	下达资金部门	A:部门;B:州(市);C:县(区)
FG00000001	易发分区等级	A:高易发区;B:中易发区;C:低易发区;D:不易发区
FG00000002	防治分区等级	A:重点防治区;B:次重点防治区;C:一般防治区
FG00000003	地质灾害防治项目规模	A:大型及以上;B:中型;C:小型
FZFQ000001	防治分期	A:紧迫;B:近期;C:中期;D:远期
FZYA000001	隐患点灾害类型	A:斜坡;B:滑坡;C:崩塌;D:泥石流;E:地面塌陷;F:地裂缝;G:地面沉降
FZYA000002	变形活动阶段	A:初始蠕变阶段;B:加速变形阶段;C:剧烈变形阶段;D:破坏阶段;E:休止阶段
GGAC000001	用户个性设置类型	1:收藏夹;2:皮肤
GIS0000001	动态业务文件文字值代码	1:气象云图;2_120:预报雨量 120 小时分布图;2_144:预报雨量 144 小时分布图;2_168:预报雨量 168 小时分布图;2_24:预报雨量 24 小时分布图;2_3:预报雨量 3 小时分布图;2_48:预报雨量 48 小时分布图;2_6:预报雨量 6 小时分布图;2_72:预报雨量 72 小时分布图;2_96:预报雨量 96 小时分布图;3:雨量分布图;4:站点雨量;5_0:风险预警格点图;5_1:风险预警;6_0:雨量预警格点图;6_1:雨量预警等值线图;7_0:生成的累计雨量分布图(气象设备);7_1:累计雨量分布图(气象设备);7_1_12:累计雨量 12 小时分布图(气象设备);7_1_24:累计雨量 24 小时分布图(气象设备);7_1_3:累计雨量 3 小时分布图(气象设备);7_1_48:累计雨量 48 小时分布图(气象设备);7_1_6:累计雨量 6 小时分布图(气象设备);7_1_72:累计雨量 72 小时分布图(气象设备);8_0:生成的累计雨量分布图(自建设备);8_1:累计雨量分布图(自建设备)

续表 2-7

字典代码	字典名词	字典内容
GIS0000002	动态业务类型文字值代码	geojson;GeoJSON;geotiff;GeoTIFF;gif;GIF;shapefile;ShapeFile
GLK0000001	项目类别	A:调查评价;B:应急体系;C:监测预警;D:能力建设;E:巡查排查;Z:其他项目
GLK0000002	项目类型	A-001:1:5万详细调查;A-002:1:5万风险调查;A-003:1:1万城镇调查;A-004:重要集镇风险调查;A-005:精细化调查;A-006:遥感调查;A-007:其他专项;A-008:1:1万县市风险调查;A-010:巡查排查;B-001:地震次生灾害应急排查;B-002:地质灾害区域应急排查;B-003:单点应急调查;B-004:排危除险;B-005:应急处置;B-006:应急避难场所;B-007:应急能力建设;B-008:临灾处置;C-001:群测群防;C-002:气象预警;C-003:专业监测;C-004:普适性监测;C-099:其他;D-001:科技支撑;D-002:信息系统;D-003:信息系统培训;D-004:基础图件编制;D-005:宣传培训;D-006:应急演练;D-007:装备购置;D-008:标准规范;D-009:其他;E-001:巡查排查;Z-001:其他项目
GLK0000003	项目级别	A:国家级;B:省级;C:市级;D:区县级
GLK0000004	信息系统与科技支撑项目类型	A:地质灾害技术支撑专家;B:地质灾害防治专家
GLK0000005	项目评分	A:优秀;B:良好;C:合格;D:不合格
GLLA000001	资金类型	01:中央专项;02:省级专项;03:省级切块;04:省级自筹;05:市州自筹;06:区县自筹;07:应急救灾专项补助资金;08:其他
GTFQW00001	堆放体形状	A:矩形;B:椭圆;C:圆形;D:不规则
HC00000001	核查隐患状态	01:危险性大;02:成灾风险高;03:稳定性差;04:易造成人员伤亡
HP00000001	滑坡年代	A:古滑坡;B:老滑坡;C:现代滑坡
HP00000002	滑坡类型	A:推移式滑坡;B:牵引式滑坡;C:复合式滑坡
HP00000003	滑体性质	A:岩质;B:碎块石;C:土质
HP00000004	滑坡平面形态	A:半圆;B:矩形;C:舌形;D:不规则
HP00000005	滑坡剖面形态	A:凸形;B:凹形;C:直线;D:梯形;E:复合
HP00000006	滑体结构	A:可辨层次;B:零乱
HP00000007	滑体块度	A:<5;B:5~10;C:10~50;D:>50
HP00000008	滑面形态	A:线形;B:弧形;C:阶形;D:起伏
HP00000009	滑带土名称	A:黏土;B:粉质黏土;C:含砾黏土
HP00000010	土地使用	A:旱地;B:水田;C:草地;D:灌木;E:森林;F:裸露;G:建筑

续表 2-7

字典代码	字典名词	字典内容
HP00000011	地质因素	A:节理极度发育;B:结构面走向与坡面平行;C:结构面倾角小于坡角;D:软弱基座;E:透水层下伏隔水层;F:土体/基岩接触;G:破碎风化岩/基岩接触;H:强/弱风化层界面
HP00000012	地貌因素	A:斜坡陡峭;B:坡脚遭侵蚀;C:超载堆积
HP00000013	物理因素	A:风化;B:融冻;C:胀缩;D:累进性破坏造成的抗剪强度降低;E:孔隙水压力高;F:水位陡降陡落;G:地震;H:洪水冲蚀
HP00000014	人为因素	A:削坡过陡;B:坡脚开挖;C:坡后加载;D:蓄水位变化;E:森林植被破坏;F:爆破振动;G:渠塘渗漏;H:灌溉渗漏;I:矿山采掘;J:废水随意排放
HP00000015	主导因素	A:综合因素;B:人为因素;C:自然因素
HP00000016	复活诱发因素	A:降雨;B:地震;C:人工加载;D:开挖坡脚;E:坡脚冲刷;F:坡脚浸润;G:坡脚切割;H:风化;I:卸荷;J:动水压力;K:爆破振动;L:节理发育;M:库塘渠渗漏;N:降(融)雪
HP00000017	灾害危害程度	A:特大;B:重大;C:较大;D:一般
HP00000018	规模等级	A:巨型;B:大型;C:小型;D:中型;E:特大型
HP00000019	地震烈度	A:Ⅰ;B:Ⅱ;C:Ⅲ;D:Ⅳ;E:Ⅴ;F:Ⅵ;G:Ⅶ;H:Ⅷ;I:Ⅸ;J:Ⅹ;K:Ⅺ;L:Ⅻ
HP00000020	原始坡形	A:凸形;B:凹形;C:平直;D:阶状
HP00000021	自然诱因	A:降雨;B:地震;C:洪水;D:崩塌加载
HP00000022	滑坡情况	A:滑坡;B:潜在滑坡
HP00000023	潜在危害危险评估	A:VH;B:H;C:M;D:L;E:VL
HP00000024	隐患点防治现状	A:搬迁避让;B:工程治理;C:群测群防;D:应急处置;E:专业监测;F:普适型监测
HP00000025	防治措施建议	A:群测群防;B:专业监测;C:搬迁避让;D:工程治理;E:应急排危除险;F:立警示牌;G:临灾避让;H:应急处置;I:普适型监测;Z:其他措施
HP00000026	原有隐患点变化情况	A:变化不明显;B:缓慢变形;C:加剧变形
HP00000027	核销原因	A:已搬迁已无隐患;B:已治理已无隐患;C:经监测趋于稳定;D:定性有误;Z:其他
HP00000028	隐患点或灾害点类别	A0:沟谷型;A1:坡面型;A2:灾害链型;B0:推移式;B1:牵引式;B2:复合式;B3:高位滑坡;C0:倾倒式;C1:滑移式;C2:鼓胀式;C3:拉裂式;C4:错断式;D0:岩溶塌陷;D1:采空区塌陷
HP00000029	隐患点发展趋势	A:趋增强;A1:形成期和发展期;B:趋减弱;B1:衰退期;C:趋稳定;C1:停歇或终止期

续表2-7

字典代码	字典名词	字典内容
HP00000030	点数据类型	A:群测群防点;B:隐患点;C:灾害点;D:核销点
HP00000031	隐患点责任主体	A:地方政府;B:交通;C:住建;D:水利;E:教育;F:安监;G:电站;H:工矿企业;I:自然人;J:其他;K:公路主管部门;L:铁路主管部门
HPP0000001	滑坡排查记录-斜坡类型	A:土质斜坡;B:碎屑岩斜坡;C:碳酸盐岩斜坡;D:变质岩斜坡;E:顺向坡;F:横向坡;G:斜向坡;H:反向坡
HPP0000002	滑坡排查记录-诱发因素	A:降雨;B:地震;C:冻融;D:风化;E:斜坡陡峭;F:人工加载;G:开挖坡脚;H:坡脚冲刷;I:爆破振动;J:植被破坏;K:节理发育;L:动水压力;M:卸荷;Z:其他
HPP0000003	滑坡排查记录-主要活动迹象	A:拉张裂缝;B:剪切裂缝;C:地面沉降;D:地面隆起;E:建筑变形;F:树木歪斜;G:渗冒浑水;H:山坡垮塌
HPP0000004	滑坡排查记录-现有防治措施	A:搬迁避让;B:警示标志;C:监测预警;D:裂缝填埋;E:地表排水;F:地下排水;G:支挡;H:锚固;I:削方减载;J:坡面防护;K:反压坡脚;L:灌浆;M:植树种草;N:尚未落实
JB00000001	预案点级别	02:市(州)级预案点;03:县(市、区)级预案点;04:乡(镇)级预案点
JB00000002	诱发因素	A:降雨;B:地震;C:铁路建设;D:公路建设;E:切坡建房;F:电站建设;G:矿业开采;H:水库建设;I:弃渣堆放;J:灌溉;K:冻融;L:城镇建设;Z:其他
JB00000003	威胁对象	A:分散农户;B:聚集区;C:学校;D:场镇;E:县城;F:公路;G:河道;H:其他
JB00000004	监测方法	A:简易监测;B:设置标桩;C:贴纸条;D:其他
JB00000005	预警手段	A:鸣哨;B:广播;C:鸣笛;D:其他;E:电话通知;F:报警器
JB00000006	安置方式	01:集中安置;02:分散安置;03:公寓房安置;04:自建房安置;09:其他方式安置
JB00000007	隐患点规模等级	1:小型;2:中型;3:大型;4:特大型
JB00000008	安置点类型	A:安置点;B:安置小区
JB00000009	安置场所级别	A:市级;B:(区)县级;C:乡(镇)级;D:街道(社区)级;E:村级
JB00000010	安置场所类型	A:场地型;B:场所型
JB00000011	与危险区关系	A:远离危险区;B:危险区附近
JB00000012	可能性	A:无;B:小;C:大
JB00000013	与断裂及影响带的关系	A:影响带之外;B:影响带内;C:断裂带上
JB00000014	适宜性评价	A:适宜;B:基本适宜;C:不适宜

续表 2-7

字典代码	字典名词	字典内容
JB00000015	地形地貌条件	A:平坝(包括台地);B:斜坡
JB00000016	岩质地基岩性	A:坚硬;B:半坚硬;C:软硬相间;D:软弱
JB00000017	岩质地基坡体结构	A:顺向坡;B:反向坡;C:斜向坡;D:平缓层状坡;E:块状岩坡
JB00000018	土质地基	A:块(碎)石土;B:黏土;C:砂卵石土;D:特殊类土
JB00000019	生产生活条件	A:改善;B:与原来相当或略有降低;C:明显降低
JB00000020	农户认同	A:认同;B:基本认同(经宣传、解释后认同);C:不认同
JB00000021	安置场址土地类型	A:耕地;B:林地;C:菜地;D:自留地;E:未利用土地
JB00000022	地基稳定性-稠度	A:坚硬;B:硬塑;C:可塑;D:软塑;E:流塑
JB00000023	隐患点数据来源	A:1:10万地质灾害调查与区划;B:1:5万地质灾害详细调查;C:地质灾害应急调查;D:地质灾害巡查;E:地质灾害排查;F:地质灾害防治规划;G:"十四五"规划;H:风险普查;I:应急排查;J:精细化调查;K:1:5万风险普查;L:隐患识别;Z:其他来源
JC00000001	监测方法	A:简易监测;B:雨情监测;C:宏观动态巡查;D:专业监测;E:普适型监测;Z:其他
jcsbcgq009	传感器类型	101:裂缝;102:地表位移;103:深部位移;104:加速度;105:倾角;203:次声;204:地声;301:雨量;304:土壤含水率;401:泥水位;403:预警喇叭
jcsbcgq012	传感器状态	0:在线;1:离线
jcsbdl0005	逻辑删除	0:正常;1:删除
jcsbgj0010	告警等级	1:蓝色;2:黄色;3:橙色;4:红色
jcsblx0001	监测设备类型	0:地裂缝;1:墙裂缝;2:地面倾斜 3:智能报警器;4:雨量计;5:泥位计;6:含水率;7:GNSS;8:GNSS基准站;9:多参数
jcsbps0006	设备普适性	0:普适性设备;1:非普适性设备
jcsbpsx007	设备状态	0:在线;1:离线
jcsbpt0003	注册物联网平台	1:电信OC;2:ONENET
jcsbxy0002	设备注册协议	0:NB-Iot;1:MQTT
jcsbyj0008	适音反馈码	0:无;1:低;2:中;3:高
jcsbzk0011	是否钻孔	0:否;1:是
JD00000001	点类型	10:地质灾害观测点;11:地形地貌点;12:地质构造点;13:水文点;14:地质环境问题点;15:钻探孔位;16:物探;17:探槽;18:坑探;19:取样点;99:其他
JD00000002	点类型(孕灾地质条件)	10:斜坡结构点;11:地质构造点;12:工程地质岩组点;13:易崩易滑地层点;99:其他

续表 2-7

字典代码	字典名词	字典内容
JD00000003	斜坡结构类型一级选项（孕灾地质条件）	10:土质斜坡;11:岩质斜坡;12:崩、滑堆积体斜坡（主要为土质、岩质滑坡堆积物或土石混合体）;13:岩土复合斜坡（下部为基岩上覆松散堆积物的二元结构斜坡）
JD00000004	斜坡结构类型二级选项（孕灾地质条件）	10-10:黏性土类斜坡;10-11:碎石土类斜坡;10-12:黄土类斜坡;11-10:顺向坡;11-11:切向坡;11-12:横向坡;11-13:逆向坡;11-14:近水平层状坡;11-15:块状岩体斜坡
JD00000005	岩体结构类型一级选项（孕灾地质条件）	10:整体块状结构;11:层状结构;12:碎裂结构;13:散体结构（构造破碎带强风化带）
JD00000006	岩体结构类型二级选项（孕灾地质条件）	10-10:整体结构;10-11:块状结构;11-10:层状结构;11-11:薄层状结构;12-10:镶嵌结构;12-11:层状碎裂结构;12-12:碎裂结构
JD00000007	承灾体分析-威胁对象（孕灾地质条件）	10:县城;11:乡镇;12:居民;13:学校;14:矿山;15:工厂;16:水库;17:电站;18:农田;19:水渠;20:森林;21:铁路;22:国防设施;23:国道;24:高速路;25:县省路;26:乡村路;27:长江;28:江河;29:输电线路;30:通信设施;31:燃气管道
JD00000016	诱发因素（滑坡）	10:降雨;11:地震;12:河流侵蚀;13:冻融;14:切坡;15:加载;16:水事活动;17:地下采掘;99:其他
JD00000017	滑坡形态平面	10:半圆;11:矩形;12:舌形;13:不规则
JD00000018	滑坡形态剖面	10:凸形;11:凹形;12:直线;13:阶梯;14:复合
JD00000021	防治类型（滑坡）	10:截排水;11:锚固;12:支挡;13:坡面防护;14:滑体、滑带改造;15:群测群防;16:普适型监测;17:专业监测;18:避险搬迁;99:其他
JD00000022	防治措施建议（滑坡）	10:立警示牌;11:定期巡视;12:搬迁避让;13:群测群防;14:普适型监测;15:工程治理;16:排危除险;17:专业监测;99:其他
JD00000024	危险定性评估（滑坡）	A:极高;B:高;C:中;D:低
JD00000025	危险定性评估（滑坡）	A:极高;B:高;C:中;D:低
JD00000026	控制结构面类型（崩塌）	10:卸荷裂隙;11:软弱夹层层面;12:节理裂隙;13:风化剥蚀界;14:基覆界面;99:其他
JD00000027	崩塌类型	10:岩质;11:土质
JD00000028	运动形式（崩塌）	10:倾倒式;11:滑移式;12:坠落式
JD00000029	活动状态（崩塌）	10:初始开裂阶段;11:加速变形阶段;12:破坏阶段;13:休止阶段
JD00000030	崩塌源扩展方式	10:向前推移;11:向后扩展;12:扩大型;13:缩减型;14:约束型
JD00000031	诱发因素（崩塌）	10:降雨;11:地震;12:侵蚀;13:冻融;14:切坡;15:加载;16:水事活动;17:地下采掘;99:其他

续表 2-7

字典代码	字典名词	字典内容
JD00000032	防治类型（崩塌）	10:清危;11:截排水;12:锚固;13:支挡;14:护坡;15:被动防护;16:群测群防;17:专业监测;18:普适型监测;19:避险搬迁;99:其他
JD00000033	防治措施建议（崩塌）	10:立警示牌;11:定期巡视;12:搬迁避让;13:群测群防;14:工程治理;15:排危除险;16:专业监测;17:普适型监测;99:其他
JD00000036	物源补给方式（泥石流）	10:坡面侵蚀;11:沟岸崩塌滑坡;12:沟床侵蚀;13:坝体堵溃;14:远程滑坡;99:其他
JD00000037	水源类型（泥石流）	10:暴雨型;11:溃决型;12:冰雪融水型;13:泉水型;99:其他
JD00000040	防治类型（泥石流）	10:拦挡;11:排导;12:穿越;13:防护;14:停淤场;15:生物措施;16:群测群防;17:专业监测;18:普适型监测;19:避险搬迁;99:其他
JD00000041	防治措施建议（泥石流）	10:立警示牌;11:定期巡视;12:搬迁避让;13:群测群防;14:工程治理;15:排危除险;16:专业监测;17:普适型监测;99:其他
JD00000042	风险定性评判（泥石流）	A:极高;B:高;C:中;D:低
JD00000043	防治类型（地面塌陷）	10:灌浆;11:灌砂;12:充填;13:立警示牌;14:群测群防;15:专业监测;16:普适型监测;17:避险搬迁;99:其他
JD00000044	防治措施建议（地面塌陷）	10:立警示牌;11:定期巡视;12:搬迁避让;13:群测群防;14:工程治理;15:专业监测;16:普适型监测;99:其他
JD00000045	防治类型（地裂缝）	10:填土掩埋;11:立警示牌;12:群测群防;13:专业监测;14:普适型监测;15:避险搬迁;99:其他
JD00000046	防治措施建议（地裂缝）	10:立警示牌;11:定期巡视;12:搬迁避让;13:群测群防;14:工程治理;15:专业监测;16:普适型监测;99:其他
JD00000047	防治类型（地面沉降）	10:立警示牌;11:定期巡视;12:搬迁避让;13:群测群防;14:工程治理;15:专业监测;16:普适型监测;99:其他
JD00000048	防治措施建议（地裂缝）	10:立警示牌;11:定期巡视;12:搬迁避让;13:群测群防;14:工程治理;15:专业监测;16:普适型监测;99:其他
JD00000052	岩土体类型	10:岩石;11:土体;12:碎屑;99:复合
JD00000054	塌陷坑扩展方式	10:定向扩展;11:周缘扩展;12:深度加大;13:无扩展空间;99:其他
JD00000055	塌陷时间	10:年 月 日;99:不详
JD00000057	诱发因素	10:重力;11:降雨;12:地震;13:干旱;14:振动;15:加载;16:水事活动;17:地下工程施;18:矿产资源开发;99:其他
JD00000060	地裂缝类型	10:人工;11:自然
JD00000061	岩土体类型	10:岩石;11:土体;12:碎屑;99:复合

续表 2-7

字典代码	字典名词	字典内容
JD00000063	地裂缝扩展方式	10:走向扩展延伸;11:两侧扩展;12:原位加剧;99:其他
JD00000064	发生时间	10:年 月 日;99:不详
JD00000066	诱发因素	10:降雨;11:地震;12:构造活动;13:涨缩土引起;14:干旱;15:振动;16:加载;17:水事活动;18:地下工程施工;19:矿产资源开发;99:其他
JD00000068	裂缝性质	10:拉张;11:平移;12:下错;13:逆冲;99:其他
JD00000069	地裂缝发育部位	10:盆山交界;11:断层沿线;12:地貌交界;13:漏斗边缘;14:古河道上方;15:黄土湿陷区;16:基底起伏处;17:地下缺陷;99:其他
JD00000070	风险定性评判	A:极高;B:高;C:中;D:低
JD00000071	沉降类型	10:构造沉降;11:抽水沉降;12:采空沉降
JD00000072	发生时间	10:年 月 日;99:不详
JD00000074	风险定性评判	A:极高;B:高;C:中;D:低
JD00000076	活动状态	A:蠕变阶段;B:加速变形阶段;C:破坏阶段;D:休止阶段
JD00000077	宏观稳定性	A:稳定;B:基本稳定;C:不稳定
JD00000078	物质组成	A:泥石流;B:水石流;C:泥流
JD00000079	易发程度	A:极易发;B:易发;C:轻度易发;D:不易发
JD00000080	发展阶段	A:发展期;B:活跃期;C:衰退期;D:停歇或终止期
JD00000081	塌陷成因类型	A:溶洞型塌陷;B:土洞型塌陷;C:冒顶型塌陷;D:其他
JD00000082	发展变化	A:趋增强;B:趋减弱;C:停止;D:其他
JD00000103	斜坡结构类型一级选项(滑坡)	10:土质斜坡;11:岩质斜坡
JD00000104	斜坡结构类型二级选项(滑坡)	10-10:黏性土类斜坡;10-11:碎石土类斜坡;10-12:黄土类斜坡;11-10:顺向坡;11-11:斜向坡;11-12:横向坡;11-13:逆向坡;11-14:近水平层状坡;11-15:块状岩体斜坡
JD00000110	(潜在)滑面类型	10:无统一滑动面;11:软弱夹层层面;12:节理裂隙面;13:风化剥蚀界面;14:基覆界面;99:其他
JD00000120	微地貌	A:陡崖;B:陡坡;C:缓坡;D:平台
JD00000121	坡面形态	A:凸形坡;B:凹形坡;C:直线坡;D:阶状坡
JD00000122	土地利用现状	A:耕地;B:园地;C:林地;D:草地;E:其他
JD00000123	地下水露头	A:无;B:点状;C:面状;D:其他
JD00000124	土体-密实度	A:密实;B:中密;C:稍密;D:松散
JD00000125	土体-状态	A:坚硬;B:硬塑;C:可塑;D:软塑;E:流塑

续表 2-7

字典代码	字典名词	字典内容
JD00000126	土体-湿度	A:饱和;B:很湿;C:湿;D:稍湿
JD00000127	土体-坡体结构	A:单层结构;B:双层结构;C:多层结构
JD00000128	基岩-风化程度	A:微风化;B:弱风化;C:强风化;D:全风化
JD00000129	基岩-坡体结构	A:顺向坡;B:斜向坡;C:横向坡;D:逆向坡;E:近水平层状坡;F:块状结构斜坡
JD00000130	宏观稳定性	A:不稳定;B:基本稳定;C:稳定
JD00000131	发展趋势分析	A:不稳定;B:基本稳定;C:稳定
JD00000132	危险性定性评估	A:极高;B:高;C:中;D:低
JD00000133	风险定性评估	A:极高;B:高;C:中;D:低
JD00000134	房屋结构	A:土木结构;B:混凝土框架结构;C:砖混结构;D:石混结构;E:简易搭盖;F:砖木结构
JD00000135	靠山后墙类型	A:混凝土;B:砖砌;C:土墙;D:与梁柱有无连接
JD00000136	资质等级	00:特级;01:一级;02:二级;03:三级
JD00000137	观测模式	A:升轨;B:降轨
JD00000138	核查结果-隐患点	0:已有隐患点;1:新增隐患点
JD00000139	核查结果-灾害点	0:灾害点(威胁建构物);1:灾害点(无威胁)
JD00000140	核查结果-其他	B:地质环境点;C:非灾害点(INSAR)
JD00000141	核查结果-人类工程活动	A:道路交通;B:矿业开采;C:电力建设;D:城镇建设;E:切坡建房;Z:其他
JD00000142	核查结果-不良地质现象	A:坡面侵蚀;B:活动冲沟;C:风化;D:冻胀;E:岩溶;Z:其他
JD00000201	隐患类型	0:非灾害点;1:已有隐患点;2:新增隐患点;3:不良地质现象;4:灾害点
JD00000203	验证结果	0:不正确;1:正确;2:基本正确
JD00000204	形变情况类型	0:形变不明显;1:形变明显
JD00000205	隐患风险等级	1:低;2:中;3:高;4:极高
JD00001000	威胁对象	10:县城;11:村镇;12:铁路;13:公路;14:旅游景点;15:饮灌渠道;16:水库;17:电站;18:工厂;19:矿山;20:森林;21:输电线路;22:通信设施;23:国防设施;24:居民点;25:学校;26:农田;27:大江大河;28:航运;99:其他
JD00001001	环境类型	10:地形地貌;11:地质构造;12:斜坡结构;13:地层岩性;14:水文地质;15:土地利用;16:其他地质环境点
JY00000001	降雨情况	001:暴雨;002:大雨;003:中雨;004:小雨;005:无降雨;006:局地暴雨;007:单点暴雨;008:持续强降雨;009:持续降雨

续表 2-7

字典代码	字典名词	字典内容
KD00000001	开采矿类	70010:能源矿;70020:黑金属矿;70030:有色金属矿;70040:铂族金属矿;70050:贵金属矿;70060:稀有稀土及分散元素矿;70080:化工原料非金属矿
KD00000002	开采矿种	11001:煤;22001:铁矿;22002:锰矿;22003:铬铁矿;22004:钛矿;22005:钒矿;22006:金红石;32006:铜矿;32007:铅矿;32008:锌矿;32009:铝土矿;32011:镁矿;32012:镍矿;32013:钴矿;32014:钨矿;32015:锡矿;32016:铋矿;32017:钼矿;32018:汞矿;32019:锑矿;42101:铂矿;42102:钯矿;42103:铱矿;42104:锇矿;42105:锇矿;42106:钌矿;42200:砂金矿;42201:金矿;42202:银矿;52300:铌钽矿;52301:铌矿;52302:钽矿;52401:铍矿;52402:锂矿;52403:锆矿;52404:锶矿;52405:铷矿;52406:铯矿;52500:重稀土矿;52501:钇矿;52502:钇矿;52600:轻稀土矿;73070:硫铁矿
KD00000003	经济类型	A:国有;B:集体;C:个体;D:合资;E:外商独资
KD00000004	开采方式	A:露天开采;B:井下开采;C:井下及露天;D:其他
KD00000005	矿山规模	A:大型;B:中型;C:小型
KD00000006	选择调查项	A:地面塌陷、地裂缝调查;B:废水、废液、固废调查;C:地下含水层影响破坏;D:地形地貌及土地破坏调查;E:崩塌及隐患调查;F:滑坡及隐患调查;G:泥石流及隐患调查
KD00000007	治理类型	A:地质灾害;B:含水层破坏;C:地形地貌破坏;D:土地占用破坏;E:其他
KD00000008	发生标志	A:已发生;B:隐患
KD00000009	矿山生产状态	A:在建;B:生产;C:闭坑;D:关闭;E:停产
KD00000010	不良地质情况类型	A:滑坡;B:人工弃渣;C:自然堆积
KD00000011	地貌特征_地貌区	A:丘陵区;B:黄土塬区;C:平原区;D:山地区;E:戈壁沙漠区;F:其他
KD00000012	破坏公共设施	A:破坏铁路;B:公路;C:通信设施;D:高压线路
KD00000013	河流量状态	A:减少;B:断流;C:干枯
KD00000014	泉流量变化	A:减少;B:变化不明显;C:干枯
KD00000015	植物生长状况	A:良好;B:少枯死;C:部分枯死;D:大部分枯死
KD00000016	费用来源	A:国家;B:地方;C:企业;D:其他
KD00000017	废水废液调查类型	A:矿坑水;B:选矿废水;C:堆浸废水;D:洗煤水;E:生活废水
KD00000018	废水废液排放去向	A:废水池;B:水库;C:河流;D:沟渠;E:鱼塘;F:尾矿库;G:农田;H:老窑洞;I:其他
KD00000019	废水废液利用方式	A:生活用水;B:工业用水;C:农牧业;D:其他

续表 2-7

字典代码	字典名词	字典内容
KD00000020	废水废液影响对象	A:农业灌溉;B:人畜饮水;C:泉水;D:其他
KD00000021	土地类型	A:耕地;B:林地;C:园地;D:草地;E:建筑;F:其他
KD00000022	土壤质地	A:黏土;B:砂土;C:壤土
KD00000023	农作物	A:小麦;B:玉米;C:水稻;D:菜地;E:果园;F:其他
KD00000024	土壤层位	A:耕作层;B:犁底层;C:淋溶层;D:母质层
KD00000025	灌溉水源	A:河湖;B:井;C:泉;D:矿坑排水;E:选矿废水;F:冶炼废水;G:生活污水
KD00000026	主要污染源	A:矿坑水;B:选矿水;C:冶炼水;D:矿浆;E:尾矿废渣;F:其他
KD00000027	固体废弃物调查类型	A:尾矿;B:废石(土)渣;C:煤矸石;D:粉煤灰;E:其他
KD00000028	固体废弃物利用方式	A:筑路;B:填料;C:制砖;D:其他
KD00000029	固体废弃物影响对象	A:居民地;B:农田;C:厂矿;D:水库;E:河流;F:沟渠;G:公路;H:铁路;I:其他
KD00000030	水样类型	A:井;B:泉;C:地表水体
KD00000031	井用途	A:农田灌溉;B:人畜饮用;C:工矿生产;D:其他
KD00000032	井类型	A:筒井;B:管井
KD00000033	井壁结构	A:砖砌;B:片石砌;C:铁管;D:其他
KD00000034	井水水质类型	A:潜水;B:承压水
KD00000035	含水层岩性	A:松散沉积物;B:沉积岩;C:火成岩/变质岩
KD00000036	泉类型	A:上升泉;B:下降泉
KD00000037	地表水体-取样位置	A:源头;B:上游;C:中游;D:下游;E:其他
KD00000038	污染源-位置	A:河道外;B:河道边;C:河道中
KD00000039	矿床水文地质类型	A:孔隙充水矿床;B:裂隙充水矿床;C:岩溶充水矿床;D:其他
KD00000040	采矿活动影响的含水层类型	A:孔隙含水层;B:裂隙含水层;C:岩溶含水层
KD00000041	矿坑水来源	A:地下水;B:大气降水;C:地表水;D:窑或废弃矿井积水
KD00000042	矿坑冲水途径	A:断裂构造;B:岩溶塌陷;C:底板突破;D:顶板破坏;E:采空裂隙
KD00000043	周边井泉水位变化	A:井水位下降;B:泉流量减少;C:变化不明显
KD00000044	地下水监测内容	A:水位;B:水质;C:水量;D:水温
KD00000045	影响方式	A:抽排;B:污染;C:串漏
KD00000046	含水岩组结构	A:揭穿;B:压实
KD00000047	含水岩组水位类型	A:下降;B:疏干

续表 2-7

字典代码	字典名词	字典内容
KD00000048	水质变化	A:改变;B:不改变
KD00000049	破坏地形地貌景观类型	A:平原;B:山脚;C:斜坡;D:河谷;E:阶地;F:冲沟;G:洪积扇;H:残丘;I:洼地;J:其他
KD00000050	地形地貌景观破坏方式	A:露天采场;B:工业广场;C:废石（土、渣）堆场;D:尾矿库;E:煤矸石堆;F:地面坍塌;G:地裂缝;H:崩塌;I:滑坡;J:泥石流;K:其他
KD00000051	破坏的地质遗迹类型	A:典型地层剖面;B:重要的古生物化石点;C:地质公园
KD00000052	影响程度	A:严重;B:较严重;C:轻微
KD00000053	自然保护区位置	A:在核心区;B:在保护区;C:在缓冲区;D:不在范围内
KD00000054	景观破坏程度	A:景观破坏明显;B:不明显
LFP0000001	地裂缝排查记录-裂缝形态	A:直线;B:折线;C:弧形;Z:其他
LFP0000002	地裂缝排查记录-裂缝区地貌特征	A:山顶;B:山坡;C:山谷;D:山脚;E:坝区
LFP0000003	地裂缝排查记录-主要诱发因素	A:地震;B:构造活动;C:地下开挖;D:爆破振动;E:抽排地下水;F:膨胀土;G:水理作用;Z:其他
MZ00000001	民族	01:汉族;02:蒙古族;03:回族;04:藏族;05:维吾尔族;06:苗族;07:彝族;08:壮族;09:布依族;10:朝鲜族;11:满族;12:侗族;13:瑶族;14:白族;15:土家族;16:哈尼族;17:哈萨克族;18:傣族;19:黎族;20:傈僳族;21:佤族;22:畲族;23:高山族;24:拉祜族;25:水族;26:东乡族;27:纳西族;28:景颇族;29:柯尔克孜族;30:土族;31:达斡尔族;32:仫佬族;33:羌族;34:布朗族;35:撒拉族;36:毛难族;37:亿佬族;38:锡伯族;39:阿昌族;40:普米族;41:塔吉克族;42:怒族;43:乌孜别克族;44:俄罗斯族;45:鄂温克族;46:崩龙族;47:保安族;48:裕固族;49:京族;50:塔塔尔族;51:独龙族;52:鄂伦春族;53:赫哲族;54:门巴族;55:珞巴族;56:基诺族
NSL0000001	水动力类型	A:暴雨;B:冰川;C:溃决;D:地下水
NSL0000002	泥砂补给途径	A:面蚀;B:沟岸崩滑;C:沟底再搬运
NSL0000003	补给区位置	A:上游;B:中游;C:下游
NSL0000004	沟口扇形地发展趋势	A:下切;B:淤高
NSL0000005	沟口扇形地挤压大河	A:河形弯曲主流偏移;B:主流偏移;C:主流只在高水位偏移;D:主流不偏
NSL0000006	地质构造	A:顶沟断层;B:过沟断层;C:抬升区;D:沉降区;E:褶皱;F:单斜
NSL0000007	滑坡活动程度	A:严重;B:中等;C:轻微;D:一般

续表 2-7

字典代码	字典名词	字典内容
NSL0000008	滑坡规模	A:大;B:中;C:小
NSL0000009	人工弃体活动程度	A:严重;B:中等;C:轻微;D:一般
NSL0000010	人工弃体弃体规模	A:大;B:中;C:小
NSL0000011	自然堆积活动程度	A:严重;B:中等;C:轻微;D:一般
NSL0000012	自然堆积规模	A:大;B:中;C:小
NSL0000013	防治措施现状	A:有;B:无
NSL0000014	防治措施类型	A:稳拦;B:排导;C:避绕;D:生物工程
NSL0000015	监测措施	A:有;B:无
NSL0000016	监测措施类型	A:雨情;B:泥位;C:专人值守
NSL0000017	威胁危害对象	A:县城;B:村镇;C:铁路;D:公路;E:旅游景点;F:饮灌渠道;G:水库;H:电站;I:工厂;J:矿山;K:农庄;L:森林;M:输电线路;N:通信设施;O:国防设施;P:居民点;Q:学校;R:农田;S:大江大河;T:航运;Z:其他
NSL0000018	主沟纵坡	A:>12°;B:12°~6°;C:6°~3°;D:<3°
NSL0000019	冲淤变幅	A:>2;B:2~1;C:1~0.2;D:<0.2
NSL0000020	松散物储量	A:>10;B:10~5;C:5~1;D:<1
NSL0000021	补给段长度比	A:>60;B:60~30;C:30~10;D:<10
NSL0000022	流域面积	A:≤5;B:5~10;C:10~100;D:>100
NSL0000023	植被覆盖率	A:<10;B:10~30;C:30~60;D:>60
NSL0000024	堵塞程度	A:严重;B:中等;C:轻微;D:一般;E:无
NSL0000025	松散物平均厚	A:>10;B:10~5;C:5~1;D:<1
NSL0000026	沟口扇形地	A:河形弯曲或堵塞大河主流受挤压偏移;B:河形无较大变化仅大河主流受迫偏移;C:河形无变化,大河主流在高水偏,低水不偏;D:无河形变化,主流不偏;E:大;F:中;G:小;Z:无
NSL0000027	不良地质现象	A:崩塌滑坡严重表土疏松冲沟十分发育;B:崩塌滑坡发育有零星植被覆盖冲沟发育;C:有零星崩塌滑坡和冲沟存在;D:无崩塌滑坡及冲沟或发育轻微;E:严重;F:中等;G:轻微;H:一般
NSL0000028	新构造影响	A:强烈上升区域;B:上升区;C:相对稳定区;D:沉降区
NSL0000029	岩性因素	A:土及软岩;B:软硬相间;C:风化和节理发育的硬岩;D:硬岩
NSL0000030	沟槽横断面	A:V型谷(谷中谷、U型谷);B:拓宽U型谷;C:复式断面;D:平坦型
NSL0000031	发展阶段	A:发育期;B:旺盛期;C:衰退期;D:停歇或终止期
NSL0000032	山坡坡度	A:>32°;B:32°~25°;C:25°~15°;D:<15°

续表 2-7

字典代码	字典名词	字典内容
NSL0000033	相对高差	A:>500;B:500～300;C:300～100;D:<100
NSL0000034	泥石流类型	A:泥石流;B:水石流;C:泥流;E:沟谷型;F:山坡型
NSL0000035	易发程度	A:高易发;B:中易发;C:不易发;D:低易发
NSL0000036	相对主河位置	A:左岸;B:右岸
NSLP000001	泥石流排查记录-现有防治措施	A:搬迁避让;B:警示标志;C:监测预警;D:稳拦;E:排导;F:植树种草;G:尚未落实;Z:其他措施
NSLP000002	泥石流排查记录-泥石流类型	A:沟谷型;B:坡面型;C:泥石流;D:水石流;E:泥流;Z:其他
NSLP000003	泥石流排查记录-主要诱发因素	A:降雨;B:地震;C:冰雪冻融;D:岩土体风化;E:沟岸垮塌;F:坡脚冲刷;G:河床侵蚀;H:植被破坏;I:弃土弃渣堆放;J:陡坡耕植;K:河道堵塞;L:自然堆积;Z:其他
PCDX000001	威胁对象	A:县城;B:村镇;C:铁路;D:公路;E:旅游景点;F:饮灌渠道;G:水库;H:电站;I:工厂;J:矿山;K:农庄;L:森林;M:输电线路;N:通信设施;O:国防设施;P:居民点;Q:学校;R:农田;S:大江大河;T:航运;U:部队营地;V:临时安置点;Z:其他
QCQF000001	点性	A:原有;B:新增
QDYW000001	透明度	A:透明;B:微浊;C:混浊;D:极浊
QDYW000002	泉点类型	A:上升泉;B:下降泉;C:侵蚀泉;D:接触泉;E:溢出泉;F:悬挂泉
QJ00000001	群测群防监测类型	A:地鼓;B:地裂;C:墙裂;D:水文
RWJJ000001	要素类型	A:码头;B:桥梁;C:公路;D:管线;E:防治工程;F:防治机构;G:政府部门;H:土地资源;I:居民住宅;J:企业;K:学校;L:医院
SYD0000001	地下水类型	A:松散岩类孔隙水;B:碎屑岩类裂隙孔隙水;C:岩溶水;D:基岩裂隙水;E:冻结层水
SYD0000002	水源地勘察精度级别	A:特大型(>15 万 m^3/d);B:大型[(15～5)万 m^3/d];C:中型[(5～1)万 m^3/d];D:小型(<1 万 m^3/d)
SYD0000003	供水方向	A:城市生活;B:工业;C:农业;D:其他
SYS0000001	用户类型	1:超级管理员;2:系统管理员;3:普通用户
SYS0000002	行政级别	0:国家级;1:省级;2:市州级;3:区县级;4:乡镇级;5:村组级
SYS0000003	菜单类型	1:系统菜单;2:业务菜单
SYS0000004	菜单展开状态	0:收缩;1:展开
SYS0000005	异常状态	0:未处理;1:已处理
SYS0000006	数据权限类型	and:过滤(and);or:放行(or)

续表 2-7

字典代码	字典名词	字典内容
SYS0000007	QUARTZ 状态	BLOCKED;阻塞;COMPLETE;完成;ERROR;异常;NONE;不存在;NORMAL;正常;PAUSED;暂停
SYS0000008	调用目标窗口状态	_blank;新开窗口;mainFrame;工作区
SYS0000010	加密方式	0;MD5 加密;1;混合加密
TDLX000001	损毁土地类型	1;耕地;2;林地;3;园地;4;宅基用地;5;交通运输用地
TXP0000001	地面塌陷排查记录-成因类型	A;岩溶型塌陷;B;采空区塌陷;C;土洞型塌陷;D;冒顶型塌陷;Z;其他
TXP0000002	地面塌陷排查记录-主要诱发因素	A;降雨;B;地震;C;溶蚀剥蚀;D;风化;E;爆破振动;F;其他振动;G;地面加载;H;水库蓄水;Z;其他
TXP0000003	地面塌陷排查记录-现有防治措施	A;搬迁避让;B;警示标志;C;监测预警;D;工程治理;E;尚未落实;Z;其他
WSAA01A110	密级	01;普通;02;秘密;03;机密;04;绝密
WSAA01A130	紧急程度	01;平件;02;急件;03;特急
XP00000001	斜坡类型	A;自然岩质;B;自然土质;C;人工岩质;D;人工土质;E;岩土混合;F;其他
XP00000002	微地貌	A;陡岩;B;陡坡;C;缓坡;D;平台;E;陡崖
XP00000003	地下水类型	A;孔隙水;B;裂隙水;C;岩溶水;D;潜水;E;承压水;F;上层滞水
XP00000004	相对河流位置	A;左岸;B;右岸;C;凹岸;D;凸岸
XP00000005	土地利用	A;耕地;B;草地;C;灌木;D;森林;E;裸露;F;建筑
XP00000006	坡面形态	A;凸形;B;凹形;C;直线;D;阶状;E;复合
XP00000007	岩体结构类型	A;块体状;B;块状;C;层状;D;块裂;E;碎裂;F;散体;G;整体块状
XP00000008	斜坡结构类型	A;变质岩斜坡;B;土质斜坡;C;碎屑岩斜坡;D;碳酸盐斜坡;E;结晶岩斜坡;F;特殊结构斜坡;G;顺向斜坡;H;斜向斜坡;I;平缓层状斜坡;J;横向斜坡;K;反向斜坡
XP00000009	土体密实度	A;密;B;中;C;稍松;D;松
XP00000010	地下水露头	A;上升泉;B;下降泉;C;湿地;D;溢水点
XP00000011	地下水补给类型	A;降雨;B;地表水;C;融雪;D;人工
XP00000012	可能失稳因素	A;降雨;B;地震;C;人工加载;D;开挖坡脚;E;坡脚冲刷;F;坡脚浸润;G;坡体切割;H;风化;I;卸荷;J;动水压力;K;爆破振动

续表 2-7

字典代码	字典名词	字典内容
XP00000013	目前稳定状态	A:稳定;A1:不易发;C:不稳定;C1:高易发;F:较稳定;F1:中易发;F2:低易发
XP00000014	今后变化趋势	A:稳定性好;B:稳定性较差;C:稳定性差;D:稳定;E:不稳定;F:较稳定
XP00000015	险情等级	A:特大型;B:大型;C:中型;D:小型
XP00000016	灾情等级	A:特大型;B:大型;C:中型;D:小型;F:无
XP00000017	监测建议	A:定期目视检查;B:安装简易监测设施;C:地面位移监测;D:深部位移监测;E:雨情;F:泥位;G:专人值守
XP00000018	防治建议	A:群测群防;B:专业监测;C:搬迁避让;D:工程治理;E:应急排危除险;F:立警示牌
XP00000021	群测群防级别	A:村级监测预警;B:乡级监测预警;C:县级监测预警;D:市级监测预警;E:省级监测预警;F:国家级监测预警;G:交通监测预警
XP00000022	专业监测级别	A:县级监测预警;B:市级监测预警;C:省级监测预警;D:国家级监测预警
XP00000023	搬迁避让类型	A:部分搬迁避让;B:整村搬迁避让
XP00000024	工程治理措施	A:裂缝填埋;B:地表排水;C:地下排水;D:削方减载;E:坡面防护;F:反压坡脚;G:支挡;H:锚固;I:灌浆;J:植树种草;K:坡改梯;L:水改旱;M:减少振动;O:生物工程;P:避让;Q:加强监测;R:排导;S:稳拦
XP00000025	推测滑移速度	A:高速;B:中速;C:低速;D:蠕动
XP00000026	斜坡变形趋势	A:滑坡;B:崩塌;C:泥石流
YDSJ000001	应急调查类型	A:滑坡;B:崩塌;C:泥石流;D:地面塌陷
YDSJ000002	灾情险情等级	A:特大型;B:大型;C:中型;D:小型
YDSJ000008	地貌类型	A:沙丘沙地;B:草滩盆地;C:风沙河谷
YDSJ000009	时代	A:寒武纪;B:奥陶纪;C:志留纪;D:泥盆纪;E:石炭纪;F:二叠纪;G:三叠纪;H:侏罗纪;I:白垩纪;J:古近纪;K:新近纪;L:第四纪
YDSJ000010	地质环境类型	A:黄土;B:冲洪积;C:堆积层;D:砾岩;E:砂岩;F:泥岩;G:灰岩;H:白云岩;I:板岩;J:千枚岩;K:片岩
YDSJ000011	地质环境完整程度	A:风化严重;B:垂直节理发育;C:节理裂隙发育;D:构造裂隙发育
YDSJ000012	人为触发因素	A:开挖坡脚;B:爆破振动;C:灌渠渗漏;D:植被破坏;E:避让距离不足;F:选址不当;G:人工堆载;H:矿山开采
YDSJ000013	防治建议	A:建议1;B:建议2;C:建议3;D:建议4

续表 2-7

字典代码	字典名词	字典内容
YDSJ000014	是否在册	A:是;B:否
YDSJ000015	成因分析	A:地形高陡;B:斜坡物质松散;C:持续降雨
YDSJ000016	应急处置工作	A:紧急转移群众;B:开展应急处置;C:开展应急监测预警;D:排查地质灾害隐患;E:开展灾害成因调查分析;F:开展地质灾害隐患详细排查;G:强化群测群防工作
YDSJ000017	启动应急响应级别	A:一级;B:二级;C:三级;D:四级;E:五级
YDSJ000018	应急调查滑坡类型	A:岩质;B:堆积层;C:土质;D:岩土混合
YDSJ000019	应急调查崩塌类型	A:岩质;B:土质
YDSJ000020	应急调查地面塌陷形状	A:圆形;B:方形;C:短形;D:不规则形
YDSJ000022	现有防治措施	A:搬迁避让;B:警示标志;C:监测预警;D:裂缝填埋;E:地表排水;F:地下排水;G:支挡;H:锚固;I:坡形改造;J:坡面防护;K:反压坡脚;L:灌浆;M:植树种草;N:尚未落实;O:削方减载
YDSJ000023	防治措施及建议	A:排危;B:临时转移避让;C:局部搬迁;D:永久搬迁;E:工程治理;F:监测预警
YDSJ000024	泥石流物质组成	A:泥石流;B:水石流;C:泥流;D:夹砂洪水
YDSJ000025	泥石流类型	A:沟谷型;B:坡面型
YJDC000001	资质	A:甲级;B:乙级;C:丙级
YJDC000002	分类	A:劳务类;B:专业类;C:综合类
YJPC000001	应急人员-政治面貌	1:团员;2:党员;3:其他
YNC0000001	值班角色	0:带班领导;1:值班人员;2:技术专家
YNC0000002	隐患点现状情况	A:建设之前存在已建档地质灾害隐患;B:建设过程中遭受地质灾害隐患威胁;C:工程建设诱发地质灾害;D:无隐患
YNC0000003	治理类型	A:群测群防;B:工程治理;C:专业监测;D:搬迁避让
YNC0000004	开展灾评状态	A:开工前完成;B:开工后完成;C:正在开展
YNC0000005	评估级别	A:一级;B:二级;C:三级
YNC0000006	评估结论(适宜性)	A:适宜;B:基本适宜;C:适宜性差
YNC0000007	未开展原因	A:不易发区;B:易发区;C:其他原因
YNC0000008	安置类型	A:农村安置;B:城镇非农安置
YNC0000009	同步搬迁情况	A:易地搬迁
YNC0000010	安置方式	A:集中安置
YNC0000011	规模划分	A:建档立卡人口 200 人以下;B:建档立卡人口 200～800 人;C:建档立卡人口 800～3000 人;D:建档立卡人口 3000～10 000 人;E:建档立卡人口 10 000 人以上

续表 2-7

字典代码	字典名词	字典内容
YNC0000012	排查发现的问题	A:潜在地质灾害威胁;B:山洪;C:挖填堆问题;D:河漫滩;E:其他;F:场地问题;G:房屋质量;H:无
YNC0000013	责任主体	A:发展和改革委员会;B:住建部;C:水利部;D:自然资源部;E:农业农村部;F:交通运输部;G:其他责任主体
YNC0000014	整改措施建议	A:工程治理;B:监测;C:加固;D:其他
YNC0000015	搬迁进度	0:未搬;1:已搬迁旧房未拆除;2:已搬迁旧房正在拆除;3:已搬迁旧房已拆除;4:正在搬迁
YWDC000001	地形地貌-地形形态	A:分水岭;B:山脊;C:山峰;D:斜坡;E:悬崖;F:河谷;G:阶地;H:冲沟;I:洪积扇;J:残丘;K:洼地
YWDC000002	地形地貌-植被类型	A:农作物;B:草地;C:灌木;D:森林
YWDC000003	环境地质问题程度	A:微弱;B:一般;C:严重
YWDC000004	人类活动类型	A:削坡建窑、建房;B:公路铁路;C:水利工程;D:输油输气管线;E:农田开发;F:其他
YWDC000005	人类活动强度	A:差;B:一般;C:中等;D:强
YWSY000001	水源种类	A:地下水;B:地表水;C:雨水
YWSY001001	野外水样采集记录表:色	A:浅蓝色;B:淡灰色;C:锈色;D:翠绿色;E:红色;F:暗红色;G:暗黄色;H:无色
YWSY000002	野外水样采集记录表:味	A:咸味;B:涩味;C:苦味;D:甜味;E:墨水味;F:沼泽味;G:酸味;H:清凉可口
YWSY000003	泉点野外调查记录表:色	A:浅蓝色;B:淡灰色;C:锈色;D:翠绿色;E:红色;F:暗红色;G:暗黄色;H:无色
YWSY000004	泉点野外调查记录表:味	A:咸味;B:涩味;C:苦味;D:甜味;E:墨水味;F:沼泽味;G:酸味;H:清凉可口
YWSY001003	嗅	A:透明;B:微浊;C:混浊;D:极浊
YWSY002003	嗅	A:极强;B:强;C:显著;D:弱;E:极微弱;F:无
ZDGC000001	定时任务日志执行状态	E:失败;I:初始;N:未执行;S:成功
ZHEA000001	处置措施类别	A:前期处置;B:专业处置
ZHEA000002	前期处置措施类型	A:设立警示标志或警戒线;B:转移避让疏散人员;C:专人现场监测;Z:其他
ZHEA000003	专业处置措施类型	A:专业调查排查;B:应急工程;C:应急监测;Z:其他
ZK00000001	最高地勘资质等级	A:甲级;B:乙级;C:丙级;D:其他
ZK00000002	工作程度	A:预查;B:普查;C:详查;D:勘探;E:其他

续表 2-7

字典代码	字典名词	字典内容
ZK00000003	比例尺	A:>1:1万;B:1:1万;C:1:2.5万;D:1:5万;E:1:10万;F:1:20万;G:1:25万;H:1:50万;I:1:100万;J:1:250万;K:1:500万;L:<1:500万;M:其他
ZK00000004	钻孔类型	A:区调钻孔;B:矿产地质勘查钻孔;C:水文地质勘查钻孔;D:工程地质勘查钻孔;E:环境地质勘查钻孔;F:灾害地质勘查钻孔;G:城市地质勘查钻孔;H:地质科学研究钻孔;I:其他
ZK00000005	空间坐标系	A:北京54;B:西安80;C:CGCS2000;D:地方坐标系;E:地理坐标系
ZLGC000001	项目进展情况	A:项目申报;B:项目立项;C:勘查;D:可研;E:初步设计;F:施工设计;G:尚未开工;H:正在施工;I:完成施工;J:预验收;K:初步验收;L:竣工验收;M:终验;N:项目结算
ZLGC000002	立项级别	A:国家级监测预警;B:省级监测预警
ZLGC000003	附件类型	A:地质灾害调查报告;B:地质灾害治理项目分布及特征图;C:其他
ZLGC000004	项目级别	A:国家级;B:省级;C:市级;D:县级
ZLGC000005	项目阶段	A:建议书;B:勘查;C:可行性研究(初步设计);D:施工图设计;E:施工
ZLGC000006	项目验收类型	A:年度验收;B:项目初验;C:项目终验
ZLGC000007	治理工程进度	A:已立项;B:计划实施;C:正在实施;D:等待验收;E:已验收
ZLGC000008	项目验收情况	A:完成预验收;B:完成初步验收;C:完成最终验收;D:尚未组织验收
ZLGC000009	治理工程项目进度	A:立项;B:勘查;C:可研;D:初步设计;E:施工图设计;F:施工;G:预验收;H:初步验收;I:竣工验收
zlgcAttachType	附件类型	A:地质灾害调查报告;B:地质灾害治理项目分布及特征图;C:其他
zlgcbfjb	资金拨付级别	1:1级拨付;2:2级拨付;3:3级拨付
zlgcssqgzjd	实施前工作阶段	A:建议书;B:勘查;C:可行性研究(初步设计);C1:勘查及可研;D:施工图设计;E:施工
zlgcxmjb	项目级别	01:小型项目;02:中型项目;03:大型项目;04:特大型项目
zlgcxmjd	项目阶段	00:已存档;01:情况填报阶段;02:前期工作阶段;03:工程实施阶段;04:项目验收阶段
zlgcxmlx	项目类型	01:年度计划;02:一般项目
zlgczhtz	灾害特征数据字典	01:不稳定斜坡;02:滑坡;03:崩塌;04:泥石流;05:地面塌陷;06:地面沉降;07:地裂缝;08:地质环境点;09:其他

续表 2-7

字典代码	字典名词	字典内容
ZP00000001	评估类型	A:面状;B:线状;C:点状
ZP00000002	评估级别	A:1级;B:2级;C:3级
ZP00000003	项目规模	A:大型;B:中型;C:小型
ZP00000004	项目建设级别	A:紧急;B:重要;C:较重要;D:一般
ZP00000005	地质环境条件	A:特别复杂;B:复杂;C:中等复杂;D:较复杂;E:较简单;F:简单
ZP00000006	适宜性	A:适宜;B:基本适宜;C:适宜性差;D:不适宜
ZP00000007	附件类别	A:评估报告;B:评估图件
ZP00000008	文件类型	A:文档;B:表格;C:图片;D:图件;E:其他
ZP00000009	拐点所属类型	A:面状;B:线状;C:点状
ZP00000010	矿山规模	A:大型;B:中型;C:小型;D:特大型
ZP00000011	开采矿种	A:煤矿;B:铁矿;C:铜矿;D:磷矿;E:铅锌矿;F:石灰岩矿;G:盐矿
ZP00000012	开采方式	A:露天开采;B:坑道开采;C:地下开采;D:混合开采
ZP00000013	项目性质	A:新建矿山;B:延续矿山;C:新立矿权;D:已建矿山;E:扩建矿山;F:矿山转让;G:矿山整改
ZP00000014	矿山建设级别	A:重要;B:一般;C:较重要
ZP00000016	矿种分类	11001:煤炭;11002:油页岩;11003:石油;11004:天然气;11005:煤成气;11009:石煤;12050:地热;12712:铀矿;12713:钍矿;22001:铁矿;22002:锰矿;22003:铬矿;22004:钛矿;32006:铜矿;32007:铅矿;32008:锌矿;32009:铝土矿;32011:镁矿;32012:镍矿;32013:钴矿;32014:钨矿;32015:锡矿;32016:铋矿;32017:钼矿;32018:汞矿;32019:锑矿;42100:铂族金属矿;42101:铂矿;42102:钯矿;42103:铱矿;42104:锇矿;42106:钌矿;42201:金矿;42202:银矿;52300:铌钽;52301:铌矿;52302:钽矿;52401:铍矿;52402:锂矿;52403:锆矿;52404:锶矿;52405:铷矿;52406:铯矿;52501:钇矿;52502:钆矿;52504:镝矿;52505:钬矿;52508:铒矿;52509:镥矿;52526:稀土矿;52600:轻稀土矿;52601:铈矿;52602:镧矿;52603:镨矿;52604:钕矿;52605:钐矿;52606:铕矿;52701:锗矿;52702:镓矿;52703:铟矿;52704:铊矿;52705:铪矿;52706:铼矿;52707:镉矿;52709:硒矿;52711:碲矿;63200:蓝晶石;63210:矽线石;63220:红柱石;63240:菱镁矿;63701:普通萤石;63904:熔剂用灰岩;63941:冶金用白云岩;63951:冶金用石英岩;63971:冶金用砂岩;63976:铸型用砂岩;63992:铸型用砂;64031:冶金用脉石英;64190:耐火黏土;64310:铁矾矿;64411:铸型用黏土;64511:耐火用橄榄岩;64531:熔剂用蛇纹岩;73030:自然硫;73070:硫铁矿;73240:钠硝石;73500:明矾石;73510:芒硝;73530:重晶石;73610:天然碱;73901:电石用灰岩;73902:制碱

续表 2-7

字典代码	字典名词	字典内容
ZP00000016	矿种分类	用灰岩;73903;化肥用灰岩;73942;化工用白云岩;73953;化肥用石英岩;73975;化肥用砂岩;74080;含钾岩石;74090;含钾砂页岩;74419;含钾黏土岩;74512;化肥用橄榄岩;74532;化肥用蛇纹岩;74940;泥炭;75510;盐矿;75511;岩盐;75540;天然卤水;75650;砷矿;75670;硼矿;75690;磷矿;83010;金刚石;83020;石墨;83101;压电水晶;83103;光学水晶;83104;工艺水晶;83110;刚玉;83230;硅灰岩;83250;滑石料;83260;石棉;83280;云母;83290;长石;83300;电气石;83310;石榴子石;83320;黄玉;83330;叶腊石;83340;透辉石;83350;蛭石;83360;沸石;83370;透闪石;83520;石膏;83620;方解石;83702;光学萤石;83750;宝石;83800;玉石;83850;玛瑙;83870;颜料矿物;83905;玻璃用灰岩;83906;水泥用灰岩;83907;建筑石料用灰岩;83908;饰面用灰岩;83909;制灰用石灰岩;83920;泥灰岩;83930;白垩;83943;玻璃用白云岩;83944;建筑用白云岩;83952;玻璃用石英岩;83972;玻璃用砂岩;83973;水泥配料用砂岩;83974;砖瓦用砂岩;83977;陶瓷用砂岩;83991;玻璃用砂;83993;建筑用砂;83994;水泥配料用砂;83995;水泥标准砂;83996;砖瓦用砂;84032;玻璃用脉石英;84033;水泥配料用脉石英;84050;粉石英;84070;天然油石;84110;硅藻土;84131;陶粒页岩;84132;砖瓦用页岩;84133;水泥配料用页岩;84150;高岭土;84170;陶瓷土;84250;伊利石黏土;84270;累托石黏土;84290;膨润土;84412;砖瓦用黏土;84413;陶粒用黏土;84414;水泥配料用黏土;84415;水泥配料用红土;84416;水泥配料用黄土;84417;水泥配料用泥岩;84418;保温材料用黏土;84513;建筑用橄榄岩;84533;饰面用蛇石岩;84541;饰面用辉石岩;84542;建筑用辉石岩;84550;玄武岩;84551;铸石用玄武岩;84552;岩棉用玄武岩;84553;饰面用玄武岩;84554;水泥混合材玄武岩;84555;建筑用玄武岩;84561;饰面角闪岩;84562;建筑用角闪岩;84570;辉绿岩;84571;水泥用辉绿岩;84572;铸石用辉绿岩;84573;饰面用辉绿岩;84574;建筑用辉绿岩;84581;饰面用辉长岩;84582;建筑用辉长岩;84591;饰面用安山岩;84592;建筑用安山岩;84610;闪长岩;84611;建筑用闪长岩;84613;饰面用闪长岩;84621;饰面用二长岩;84622;建筑用二长岩;84631;饰面用正长岩;84632;建筑用正长岩;84710;花岗岩;84711;建筑用花岗岩;84712;饰面花岗岩;84720;麦饭石;84730;珍珠岩;84770;松脂岩;84810;浮石;84811;水泥用粗面石;84812;铸石用粗面岩;84850;凝灰岩;84851;玻璃用凝灰岩;84852;水泥用凝灰岩;84853;建筑用凝灰岩;84870;火山岩;84890;火山灰;84910;大理岩;84911;饰面用大理岩;84912;建筑用大理岩;84913;水泥用大理岩;84914;玻璃用大理岩;84920;板岩;84921;饰面用板岩;84922;水泥配料用板岩;84930;片麻岩;84970;天然沥青;97010;矿泉水;97030;地下水;97070;二氧化碳气;97090;硫化氢气;97110;氦气;97120;氢气
ZQ00000002	引发因素	1:人为;2:自然
ZQ00000003	受灾对象	A:农业;B:教育设施;C:公路交通设施;D:铁路交通设施;E:工业设施;F:居民家庭财产;G:社会公共设施;H:水利水电设施;I:矿山;J:居民受灾;K:其他

2.4.4 数据项关系字典

数据项关系字典描述数据项之间的因果关系,一个数据项的值发生变化后,可通过数据项关系公式计算另一个数据项的值。数据项关系字典的数据结构如表2-8所示。

表2-8 数据项关系字典表

数据表名	数据项关系字典	表编码	ZDGA01A	索引关键词				INDE_VARI	
字段代码	汉字名	数据项名称	数据类型	数据长度	小数位	单位	缺省值	空值	合法性检查	字段说明
ZDGA01A010	数据表编号1	TABLE_CODE1	C	7						指作为自变量数据项所在数据表编号
ZDGA01A020	自变量数据项名	INDE_VARI	VC	20						自变量数据项代码,一条记录存一个
ZDGA01A030	数据表编号2	TABLE_CODE2	C	7						指作为因变量数据项所在数据表编号
ZDGA01A040	因变量数据项名	DEPE_VARI	VC	20						因变量数据项代码
ZDGA01A050	计算子程序(模块)名	MD_NAME	VC	10						
ZDGA01A060	备注	MDLZZ	VC	100						

2.4.5 空间数据图层及属性字典

空间数据图层及属性字典是空间数据的元数据,包含图层名称、图层描述、属性表信息等,如表2-9所示。

表2-9 空间数据图层及属性字典表

数据表名	空间数据图层及属性字典表	表编码	ZDIA01A	索引关键词				ZDIA01A010+ZDIA01A050+ZDIA01A075	
字段名	汉字名	数据项名称	数据类型	数据长度	小数位	单位	缺省值	空值	合法性检查	字段说明
ZDIA01A010	元数据编号		C	14				N		按标准规定编制的元数据编号。例如:人文经济空间数据元数据编号为YSZR8A200901

续表 2-9

数据表名	空间数据图层及属性字典表	表编码	ZDIA01A	索引关键词	ZDIA01A010＋ZDIA01A050＋ZDIA01A075
字段名	汉字名	数据项名称	数据类型	数据长度	小数位	单位	缺省值	空值	合法性检查	字段说明
ZDIA01A020	元数据名称		VC	40						主要内容反映其图名,如1:5万数字线划地图元数据
ZDIA01A030	图层名称		VC	40						如测量控制点图层、水系图层等
ZDIA01A040	图层描述		VC	200						对该图层内存放的空间数据内容进行描述
ZDIA01A050	属性表编号		C	8						为图层编码＋标识符,在ArcGIS中,一个图层只一张属性表,统一规定将点图层标识符记为"D",线图层记为"X",面(区)图层记为"M",其他图层(指含多种图元的图层)记为"Z"。例如人文经济码头点图层码头点属性表编号为:R8RWK01D
ZDIA01A060	属性表名		VC	40						属性表汉字名
ZDIA01A070	属性表内容		VC	200						图层内容属性表名,如测量控制点注记等

续表 2－9

数据表名	空间数据图层及属性字典表	表编码	ZDIA01A		索引关键词			ZDIA01A010＋ZDIA01A050＋ZDIA01A075	
字段名	汉字名	数据项名称	数据类型	数据长度	小数位	单位	缺省值	空值	合法性检查	字段说明
ZDIA01A075	字段代码		C	11						属性表编号（图层编码）＋3位数字码，如人文经济码头点图层码头属性表中，数据项"码头名称"字段名为R8RWK01D010，其中 R8RWK01 为图层编号，R8RWK01D 为码头点属性表编号
ZDIA01A080	数据项名称		VC	40						数据项汉字名称
ZDIA01A090	数据项代码		VC	20						数据项标准代码
ZDIA01A100	类型		C	2						例如：定长字符型为"C"等
ZDIA01A110	长度		N	3						
ZDIA01A120	小数位		N	2						
ZDIA01A125	单位		VC	20						
ZDIA01A130	数据项描述		VC	100						
ZDIA01A140	备注		VC	60						

2.4.6 非空间数据字典

非空间数据字典是描述非空间数据的元数据，包含非空间数据的数据表信息、数据采集单位、数据采集的起始时间和结束时间、记录数等，如表 2－10 所示。

表 2-10 非空间数据字典表

数据表名	非空间数据字典表	表编码	ZDIB01A	索引关键词	ZDIB01A010				
字段名	汉字名	数据项名称	数据类型	数据长度	小数位	单位	缺省值	空值	合法性检查	字段说明
ZDIB01A010	元数据编号		C	13				N		
ZDIB01A020	元数据名称		VC	40						主要内容反映其数据表名,如"滑坡数据元数据",即关于滑坡数据表的元数据
ZDIB01A030	数据表编号		C	7						
ZDIB01A040	灾害点(体)编号		VC	16						如不属灾害点(体)上的数据表则为空
ZDIB01A050	数据采集单位		VC							
ZDIB01A060	起始时间		D	8						数据采集起始时间
ZDIB01A070	终止时间		D	8						数据采集终止时间
ZDIB01A080	记录数		N	8						
ZDIB01A090	备注		VC	100						

2.4.7 数据交换格式

(1)矢量数据交换格式:采用国家推荐标准进行描述,见《地理空间数据交换格式》(GB/T 17798—2007)。

(2)影像数据交换格式:采用国家推荐标准进行描述,见《地理空间数据交换格式》(GB/T 17798—2007)。

(3)元数据格式:采用自然资源部统一确定的元数据格式进行描述,见《国土资源信息核心元数据标准》(TD/T 1016—2003)。

2.5 地质环境综合库标准建设流程

2.5.1 地质环境综合库建设流程

云南省地质环境数据分为两类:一类是操作型数据,有细节化、分散化的特点;另一类为成果型数据,有综合化、集成化的特点。地质环境数据的处理也与之相应,可分为操作处理和成果展现分析型处理两种不同类型，从而建立起 DB-DW 的两层体系结构。但是有很多情况，DB-DW 的两层体系结构并不能涵盖地质环境所有的数据处理要求：其一，由于地质环境数据来源十分复杂，这些数据存放在不同的地理位置、不同的数据库、不同的应用之中，格式各异，对源数据需要进行原样保存；其二，地质环境业务管理中，也常伴有一些需要进行实时决策的问题，如根据监测数据所作的监测预报等，要求获取数据周期不能太长。考虑到信息处理的多层次要求，地质环境数据体系采用 ODS（Operational Data Store，简称 ODS）架构设计。

ODS 是数据仓库体系结构中的一个可选部分，具备数据仓库的部分特征和 OLTP 系统的部分特征。ODS 可以实现成果型数据整合和各个系统之间的数据交换，能够提供实时的成果报表，并为数据仓库建设做好准备。ODS 用于存放从业务系统直接抽取出来的数据，这些数据从数据结构、粒度、数据之间的逻辑关系上都与业务系统基本保持一致，降低了数据转化的复杂性，业务系统对细节数据的查询、需生成的报表均可在 ODS 中进行。

根据地质环境的事务处理应用和分析处理应用的需要，地质环境信息系统数据中心，采用综合库-数据仓库（ODS-DW）数据存储与管理方式，其建设流程如图 2-18 所示。

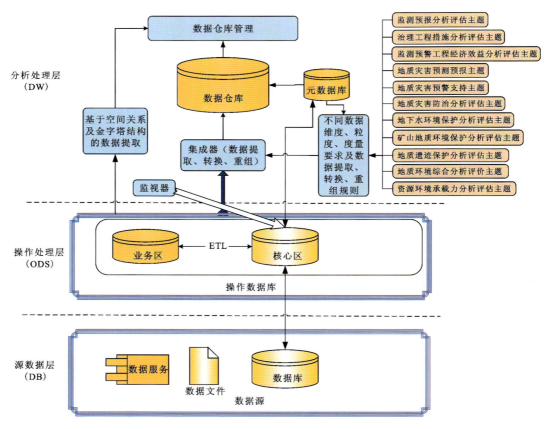

图 2-18　建设流程

(1)源数据层:通过ETL等采集工具获取的各类地质环境基础地理及专题空间数据、专业属性数据,以及外部系统气象、人文经济、地震等数据,这些数据构成数据中心的数据源。根据数据源的不同,可分为元数据库、数据文件、WebService服务等。

(2)操作处理层:在元数据层的数据是通过ETL过程进入综合库中的(即DB→ODS),在这个过程中,综合库中的数据来源于元数据层,且只抽取需要的数据表和字段。

(3)分析处理层:根据决策主题建立多维数据模型,对综合库中数据进行抽取、转换、重组和装载(即ETL过程),存储到数据仓库中(即ODS→DW),支持数据分析和挖掘等分析处理型应用。

2.5.2 综合库入库质量标准

2.5.2.1 综合库的数据来源

综合库数据包括以下6类数据。

(1)专业属性数据:从基础数据库中经提取、筛选、处理后的数据。

(2)区域空间数据:已经过标准化及保密处理的数据。

(3)办公管理数据:办公文书、资料、项目管理、设备管理等有关数据。

(4)决策分析数据:包括决策分析评价指标、模型、方法、知识等数据,建数据库存储,并对各类主题决策分析提供服务。

(5)成果数据:包括地质灾害稳定性评价、地质灾害预测预报、地质灾害气象风险预警、地质灾害预警支持及应急指挥、各类地质环境评价结果及资源环境承载力评估数据,数据形式有文档、图形、报表等。这类数据按分类进行存储,通过信息发布子系统,针对不同对象发布相关信息。

(6)综合文档数据:各类文档及多媒体等。

2.5.2.2 综合库入库处理

综合库入库处理指将源数据层的数据处理后存入综合库中,利用统一的数据采集系统采集的数据与"国家级地质环境信息化建设成果"推广中的数据结构一致,可以直接导入综合库中。

数据库结构与"国家级地质环境信息化建设成果"要求不一致,但可以通过原始表抽取组合的数据,可以采用ETL的方法,通过规则从原始表中抽取、转换后导入到本级数据中心综合库中。

数据库结构与"国家级地质环境信息化建设成果"要求完全不一致或现在设计的"地质灾害环境综合库"中没有的数据库表,可以完全继承原始数据连同数据库结构一并添加到综合库中。通过必要的审查、处理,将其数据库结构追加到数据字典中。

- **空间数据入库处理**

空间数据入库处理包括下述几方面内容。

(1)AutoCAD→ShapeFile数据格式转换:采用ArcToolbox中的Feature Class To Shapefile(multiple)工具,进行数据格式转换。

(2)专题空间数据格式处理:地质环境基础地理空间数据格式为 ArcGIS,专题空间数据主要使用 ArcGIS 和 MapGIS 两种格式。对专题空间数据中的这两种数据格式,采用下述两种方式进行处理。

1)利用统一的地理信息发布工具(在底层依托 ArcGIS Server 和 MapGIS Server 组件,开发形成能够同时支持 ArcGIS 和 MapGIS 格式的空间数据发布),将上述两种格式的空间数据发布成 OGC 的 WMS 和 WFS 服务。这样可充分发挥 MapGIS 在专题图制作方面的优势。对于隐含经纬度坐标的地质环境调查、监测数据,可以通过空间化工具将属性表数据生成 ArcGIS 格式的点图层,再利用地理信息发布工具发布成 WMS 和 WFS 服务。

2)MapGIS 文件格式转换,即将 MapGIS 文件格式转换成 ArcGIS 格式,以实现空间数据的金字塔模式管理,满足不同格式空间数据进行空间分析的需要。由于开发思路不同,两者数据间存在较大差异,主要有点文件、线文件、面文件数据记录,文件注释,渲染风格,符号库,坐标投影定义方式,属性数据结构差异等。MapGIS 软件的 6.5 及以上版本提供了将空间数据转换为 Shape 格式的功能,但在转换过程中存在投影信息丢失、图元丢失、属性字段遗漏、属性乱码等问题,甚至文件无法转换,或转换后 ArcGIS 软件无法识别等问题。因此需要开发专门的软件对数据格式进行转换。该软件在 Map2Shp 工具基础上进行再开发,重点需要实现以下功能。

①全面支持点线面格式,自动完成属性数据检查、数据修正、图形拓扑检查和图示表达信息映射变换等系列功能,支持 MapGIS 投影向 ArcGIS 匹配转换。

②提供转换规则定制、批量选择、操作日志记录等功能,简化用户操作量,实现海量数据的"一键完成"。

③系统不依赖 MapGIS 系统,脱离软件狗(DogServer)的限制,而直接对 MapGIS 文件进行磁盘操作。

④符号库匹配:针对实际应用,开发完善的符号库,在具备匹配符号库条件下,提供完整的图式符号自动转换方案。对点、线、面状图元的转换可保持其大小、角度、线宽、颜色等表达信息,并且可直接识别 MapGIS 颜色库,支持 CMYK 和专色信息,实现颜色的无损转换。

⑤文字注释:解决注释信息跨平台转换,通过 ArcGIS 的字体表达式和脚本功能,支持注释字体、颜色、字形、上标、下标、分数等格式转换,保持注释的一致性。

⑥工具库:基于 ArcGIS 平台,开发针对不同问题的工具库,实现拓扑重建、数据整理、数据检查等自动、半自动检查和纠正。

⑦数据编辑工具:基于 ArcGIS 平台,实现数据编辑等功能,对转换中出现的问题,在一体化的平台下,对数据进行编辑纠正。

3)统一数学基础。按空间数据统一数学基础标准[大地基准统一采用 CGCS2000 坐标系,高程基准采用 1985 国家高程基准,所有空间几何信息采用经纬度(φ、λ)存储,记录精度到 0.001″,采用高斯-克吕格投影],对基础数据库中空间数据进行处理。

4)数据保密处理。对地质环境数据按涉密性进行分类,根据数据保密要求对坐标位置、图元属性、注记等进行脱密处理。

· 专业属性数据入库处理

(1)利用统一数据采集系统采集的数据与"全国地质环境数据库结构"一致，可以直接导入综合库中。

(2)数据库结构与"全国地质环境数据库结构"不一致，但可以通过原始表抽取组合的数据，可以采用ETL的方法，通过规则从原始表中抽取，转换后导入到本级数据中心综合库中。

(3)数据库结构与"全国地质环境数据库结构"完全不一致或现在设计的"地质环境综合库"中没有的数据库表，可以完全继承原始数据连同数据库结构一并添加到综合库中。通过必要的审查、处理，将其数据库结构追加到数据字典中。

2.5.2.3 综合库数据结构

地质环境综合库的建设参照全国地质环境数据库设计规范、全国地质环境数据库结构规范和全国地质环境数据库建设规范。

3 云南省地质环境核心业务数据结构规范

《云南省地质环境核心业务数据结构规范》规定了数据库表结构定义、地质灾害核心业务数据结构、矿山地质核心业务数据结构、地下水环境核心业务数据结构、地质遗迹（地质公园）核心业务数据结构、水文地质核心业务数据结构、地质钻孔核心业务数据结构等内容，能够指导云南省地质环境各核心业务的信息化标准建设。

3.1 数据库表结构定义规范

数据库表结构按照《云南省地质环境综合库规范》中的"数据库表结构定义规范"编码规则进行编码。

3.2 数据规范

数据规范按照《云南省地质环境综合库规范》中的"数据规范"编码规则进行编码。

3.3 地质灾害核心业务数据结构规范

3.3.1 数据分析模型

3.3.1.1 地质灾害调查核心数据逻辑结构关系

地质灾害调查数据库包括斜坡变形体数据、滑坡数据、崩塌数据、泥石流数据、地面塌陷数据、地裂缝数据、地面沉降数据、地质灾害调查统一基本信息表等，7类调查数据和统一基本信息表之间是平行的关系，地质灾害调查统一基本信息表是7类调查表的数据冗余，如图3-1所示。

3.3.1.2 群测群防核心数据逻辑结构关系

地质灾害群测群防数据库包括群测群防基本信息表、群测群防防灾预案表、工作明白卡、避灾明白卡（"两卡两表"）、群测群防行政管理体系、监测点情况、巡查人员表、定点监测记录、宏观巡查记录等数据，如图3-2所示。

3.3.1.3 治理工程核心数据逻辑结构关系

地质灾害工程治理数据库包括治理工程基本信息表、治理工程附件表、治理工程灾害信

3 云南省地质环境核心业务数据结构规范

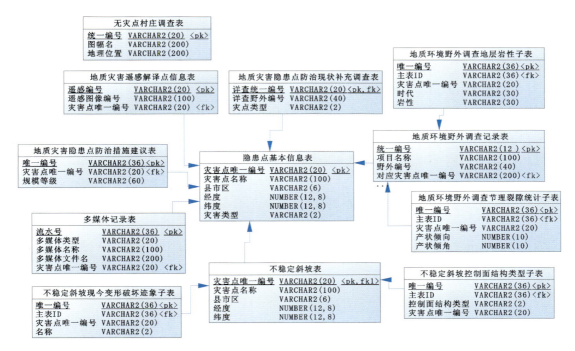

图 3-1 地质灾害调查核心数据逻辑结构关系

注：只显示了部分表结构，滑坡、崩塌、泥石流、地面塌陷、地面沉降、地裂缝等灾害对应的表结构与不稳定斜坡相同，因此在结构图中以不稳定斜坡表进行示例展示，其他灾害类型的结构关系将不在图中展示。七大灾种的阶段调查信息表的数据结构逻辑关系与七大灾种调查信息表相同，在此不再单独表示。

息子表、立项补助地质灾害治理工程项目统计表、地质灾害治理项目前期工作情况子表、地质灾害治理项目资金计划子表、地质灾害治理项目年度资金拨付子表等数据，如图 3-3 所示。

3.3.1.4 搬迁避让核心数据逻辑结构关系

搬迁避让数据库包括搬迁避让表、应急避难场所表和搬迁避让安置点信息表等数据，如图 3-4 所示。

3.3.1.5 灾险情管理核心数据逻辑结构关系

灾险情管理数据库包括灾险情报送、宣传培训、避险演练和相关的月统计报表。灾险情管理各个数据表之间相互独立，没有关联关系。

3.3.1.6 应急调查与巡查、排查核心数据逻辑结构关系

应急调查与巡查、排查数据库包括应急调查报告表、工作安排表、工作安排与隐患点对应表、应急调查数据表、调查队伍表、调查队伍资质表、地质灾害隐患排查核查情况汇总表、崩塌隐患点排查记录表、滑坡隐患点排查记录表、泥石流隐患点排查记录表、地面塌陷隐患点排查记录表、地裂缝隐患点排查记录表等，如图 3-5 所示。

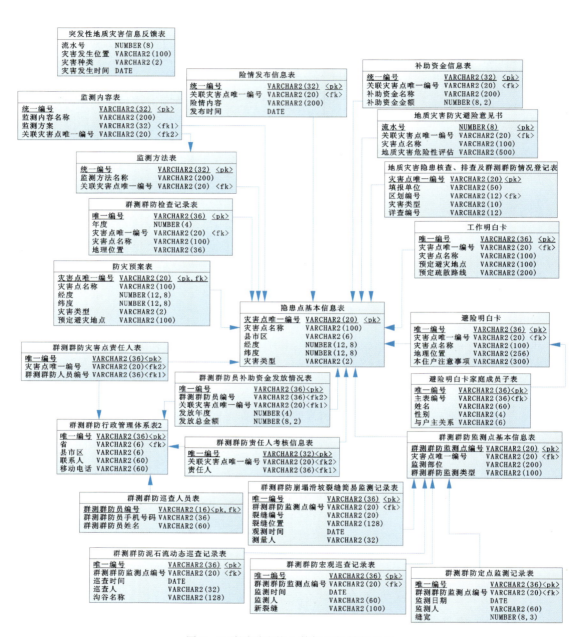

图 3-2 群测群防核心数据逻辑结构关系

注：图 3-2 中只显示了部分表结构，并不是表的完整表结构。

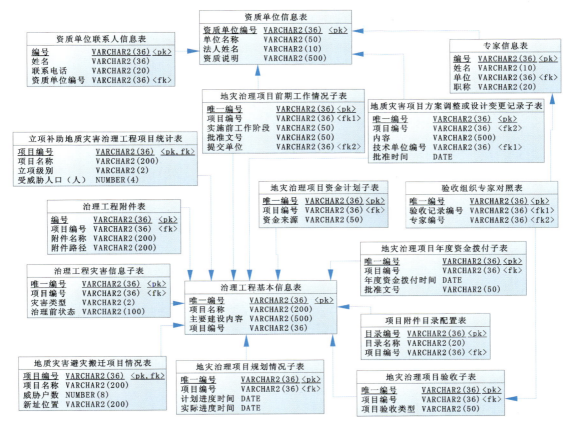

图 3-3　治理工程核心数据逻辑结构关系

注：图 3-3 中只显示了部分表结构，并不是表的完整表结构。

3.3.1.7　地质灾害危险性评估核心数据逻辑结构关系

地质灾害危险性评估数据库包括地质灾害危险性评估报告汇总信息表、规划及工程建设项目地质灾害危险性评估信息表、规划及工程建设项目地质灾害危险性评估附件表、规划及工程建设项目地质灾害危险性评估拐点坐标信息表、矿产资源开发地质灾害危险性评估信息表、矿产资源开发地质灾害危险性评估附件表、矿产资源开发地质灾害危险性评估拐点坐标信息表、矿山地质环境保护与治理恢复方案评估信息表、矿山地质环境保护与治理恢复方案评估附件表和矿山地质环境保护与治理恢复方案评估拐点坐标信息表，如图 3-6 所示。

3.3.1.8　地质灾害防治规划核心数据逻辑结构关系

地质灾害防治规划数据库包括地质灾害防治规划信息表、地质灾害防治规划信息附件表、地质灾害防治规划易发分区表、地质灾害防治规划防治分区表等，如图 3-7 所示。

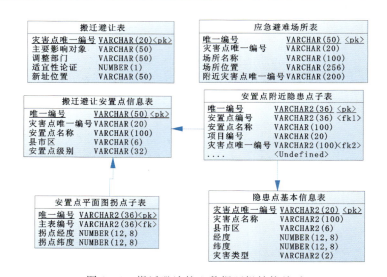

图 3-4 搬迁避让核心数据逻辑结构关系

注：图 3-4 中只显示了部分表结构，并不是表的完整表结构。

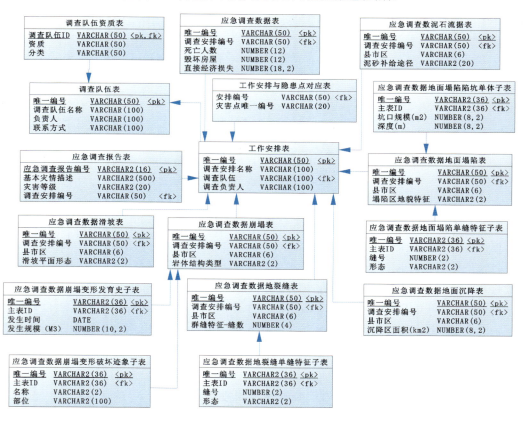

图 3-5 应急调查与巡查、排查核心数据逻辑结构关系

注：图 3-5 中只显示了部分表结构，并不是表的完整表结构。其中，地质灾害隐患点排查认定表、地裂缝隐患点排查记录表、地面塌陷隐患点排查记录表、泥石流隐患点排查记录表、滑坡隐患点排查记录表、崩塌隐患点排查记录表、地质灾害隐患排查核查情况汇总表与其他表之间没有关联关系，因此在此不体现。

3 云南省地质环境核心业务数据结构规范

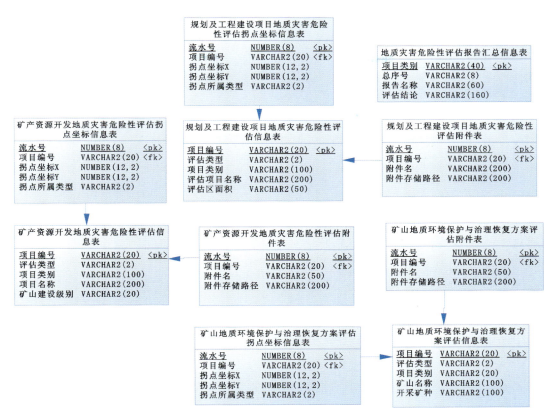

图 3-6　地质灾害危险性评估核心数据逻辑结构关系

注:图 3-6 中只显示了部分表结构,并不是表的完整表结构。

图 3-7　地质灾害防治规划核心数据逻辑结构关系

注:除图 3-7 中的两张表以外的其他防治规划表属于独立的数据表,与其他表之间没有关联关系,因此不在图中体现。图 3-7 中只显示了部分表结构,并不是表的完整表结构。

3.3.1.9　专业监测核心数据逻辑结构关系

专业监测数据库包括专业监测基本数据、监测网点数据、监测机构数据、监测设备数据、监测人员数据、监测数据等。

专业监测按行政区域、监测点、监测设备、监测记录来组织数据,如图 3-8 所示。

3.3.2　数据库实体表

数据库实体表详见表 3-1～表 3-9。

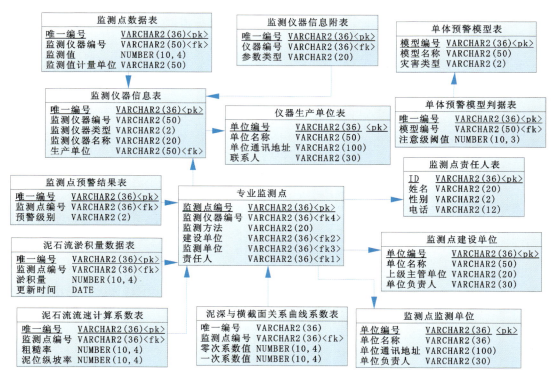

图 3-8 专业监测核心数据逻辑结构关系

注：监测区域表、隐患点威胁对象表、雨量预警模型表、监测剖面表、管理部门表、预警措施建议表、专业监测基本信息表、汛期值班人员与其他表之间没有关联关系，因此不在图 3-8 中体现。图 3-8 中只显示了部分表结构，并不是表的完整表结构。

表 3-1 地质灾害调查核心数据实体一览表

序号	数据表名称	实体表编码
1	地质灾害调查统一基本信息表	ZHAA01A
2	不稳定斜坡表	ZHAA02A
3	不稳定斜坡阶段调查信息表	ZHAA02C
4	不稳定斜坡控制面结构类型子表	ZHAA02L
5	不稳定斜坡现今变形破坏迹象子表	ZHAA02M
6	滑坡调查信息表	ZHAA03A
7	滑坡阶段调查信息表	ZHAA03C
8	滑坡控滑面结构类型子表	ZHAA03L
9	滑坡现今变形迹象子表	ZHAA03M
10	崩塌调查信息表	ZHAA04A
11	崩塌阶段调查信息表	ZHAA04C

续表 3-1

序号	数据表名称	实体表编码
12	崩塌控制面结构类型子表	ZHAA04L
13	崩塌变形发育史子表	ZHAA04M
14	崩塌变形破坏迹象子表	ZHAA04N
15	地面沉降调查信息表	ZHAA05A
16	地面沉降阶段调查信息表	ZHAA05C
17	地面塌陷调查信息表	ZHAA06A
18	地面塌陷阶段调查信息表	ZHAA06C
19	地面塌陷陷坑单体子表	ZHAA06L
20	地面塌陷单缝特征子表	ZHAA06M
21	地裂缝调查信息表	ZHAA07A
22	地裂缝阶段调查信息表	ZHAA07C
23	地裂缝单缝特征子表	ZHAA07L
24	泥石流调查信息表	ZHAA08A
25	泥石流阶段调查信息表	ZHAA08C
26	泥石流灾害史子表	ZHAA08L
27	多媒体记录表	ZHAA09A
28	地质环境野外调查记录表	ZHBA02A
29	地质环境野外调查地层岩性子表	ZHBA02L
30	地质环境野外调查节理裂隙统计子表	ZHBA02M
31	地质灾害遥感解译点信息表	ZHBA03A
32	无灾点村庄调查表	ZHBA05A
33	地质灾害隐患点防治现状补充调查表	ZHBA06A
34	地质灾害隐患点防治措施建议表	ZHBA07A

表 3-2 群测群防核心数据实体一览表

序号	数据表名称	实体表名
1	群测群防检查记录表	JCBA01A
2	群测群防防灾预案表	JCBA02A
3	工作明白卡	JCBA03A
4	避险明白卡	JCBA04A
5	群测群防行政管理体系表	JCBA05A
6	群测群防灾害点责任人表	JCBA05B
7	群测群防监测点基本信息表	JCBA06A

续表 3-2

序号	数据表名称	实体表名
8	群测群防巡查人员表	JCBA07A
9	群测群防责任人补助资金发放情况表	JCBA07B
10	群测群防责任人考核信息表	JCBA07C
11	地质灾害防灾避险意见书	JCBA08A
12	监测方法表	JCBA09A
13	监测内容表	JCBA09B
14	补助资金信息表	JCBA10A
15	险情发布信息表	JCBA11A
16	群测群防定点监测记录表	JCBB01A
17	群测群防宏观巡查记录表	JCBB02A
18	群测群防泥石流动态巡查记录表	JCBB07A
19	群测群防崩塌滑坡裂缝简易监测记录表	JCBB08A
20	突发性地质灾害信息反馈表	JCBB09A
21	地质灾害隐患核查、排查及群测群防情况登记表	JCBB10A

表 3-3 治理工程核心数据实体一览表

序号	数据表名称	实体表名
1	治理工程基本信息表	FZAA01A
2	治理工程附件表	FZAA01C
3	治理工程灾害信息子表	FZAA01D
4	立项补助地质灾害治理工程项目统计表	FZAA02A
5	地质灾害治理项目前期工作情况子表	FZAA03A
6	地质灾害治理项目资金计划子表	FZAA04A
7	地质灾害治理项目年度资金拨付子表	FZAA05A
8	地质灾害治理项目验收子表	FZAA06A
9	地质灾害治理项目规划情况子表	FZAA07A
10	地质灾害避灾搬迁项目情况表	FZAA08A
11	资质单位信息表	FZAA09A
12	资质单位联系人信息表	FZAA10A
13	专家信息表	FZAA11A
14	地质灾害项目方案调整或设计变更记录子表	FZAA12A
15	项目附件目录配置	FZAA13A
16	验收组织专家对照表	FZAA14A

3 云南省地质环境核心业务数据结构规范

表 3－4 搬迁避让核心数据实体一览表

序号	数据表名称	实体表名
1	搬迁避让表	BQAA04A
2	应急避难场所表	BQAA02A
3	搬迁避让安置点信息表	BQAA03A
4	安置点附近隐患点子表	BQAA03L
5	安置点平面图拐点子表	BQAA01M
6	隐患点基本信息表	ZHAA01A

表 3－5 灾险情管理核心数据实体一览表

序号	数据表名称	实体表名
1	地质灾害险情报送表	YJIB01A
2	地质灾害灾情情报送表	YJIB02A
3	汛期地质灾害成功预报日报表	YJIB08A
4	宣传培训表	YJIB12A
5	避险演练表	YJIB13A
6	灾情汇总统计月报表	YJIB31A
7	成功预报实例月表	YJIB32A
8	成功预报汇总统计月报表	YJIB33A
9	灾情报送联系人表	YJIB34A
10	汛期值班表	YJIB35A

表 3－6 应急调查与巡查、排查核心数据实体一览表

序号	数据表名称	实体表名
1	应急调查报告表	YDAA01A
2	工作安排表	YDAP01A
3	工作安排与隐患点对应表	YDAP02A
4	应急调查数据表	YDSJ01A
5	应急调查数据滑坡表	YDSJ02A
6	应急调查数据崩塌表	YDSJ03A
7	应急调查数据崩塌控制面结构子表	YDSJ03L
8	应急调查数据崩塌变形发育史子表	YDSJ03M
9	应急调查数据崩塌变形破坏迹象子表	YDSJ03N

续表 3-6

序号	数据表名称	实体表名
10	应急调查数泥石流据表	YDSJ04A
11	应急调查数据地面塌陷表	YDSJ05A
12	应急调查数据地面塌陷陷坑单体子表	YDSJ05L
13	应急调查数据地面塌陷单缝特征子表	YDSJ05M
14	应急调查数据地面塌陷表	YDSJ06A
15	应急调查数据地裂缝单缝特征子表	YDSJ06L
16	应急调查数据地面沉降表	YDSJ07A
17	调查队伍表	YDDW01A
18	调查队伍资质表	YDDW02A
19	地质灾害隐患排查核查情况汇总表	YDAA03A
20	崩塌隐患点排查记录表	YDAA04A
21	滑坡隐患点排查记录表	YDAA05A
22	泥石流隐患点排查记录表	YDAA06A
23	地面塌陷隐患点排查记录表	YDAA07A
24	地裂缝隐患点排查记录表	YDAA08A
25	地质灾害隐患点排查认定表	YDAA09A
26	应急调查数据地裂缝表	YDAA10A

表 3-7 地质灾害危险性评估核心数据实体一览表

序号	数据表名称	实体表名
1	地质灾害危险性评估报告汇总信息表	ZPCA01A
2	规划及工程建设项目地质灾害危险性评估信息表	ZPAA01A
3	规划及工程建设项目地质灾害危险性评估附件表	ZPAA01B
4	规划及工程建设项目地质灾害危险性评估拐点坐标信息表	ZPAA01C
5	矿产资源开发地质灾害危险性评估信息表	ZPAA02A
6	矿产资源开发地质灾害危险性评估附件表	ZPAA02B
7	矿产资源开发地质灾害危险性评估拐点坐标信息表	ZPAA02C
8	矿山地质环境保护与治理恢复方案评估信息表	ZPAA03A
9	矿山地质环境保护与治理恢复方案评估附件表	ZPAA03B
10	矿山地质环境保护与治理恢复方案评估拐点坐标信息表	ZPAA03C

表 3-8 地质灾害防治规划核心数据实体一览表

序号	数据表名称	实体表名
1	地质灾害防治规划信息表	FGAA01A
2	地质灾害防治规划信息附件表	FGAA01B
3	地质灾害防治规划易发分区表	FGAA02A
4	地质灾害防治规划防治分区表	FGAA03A
5	地质灾害防治规划隐患点概况表	FGAA04A
6	地质灾害防治规划隐患点详情表	FGAA05A
7	地质灾害避灾搬迁项目规划表	FGAA06A
8	地质灾害延续治理工程项目表	FGAA07A
9	地质灾害防治经费需求匡算表	FGAA08A
10	地质灾害防治规划信息表	FGAA09A
11	地质灾害治理工程项目规划表	FGAA10A

表 3-9 专业监测数据库实体一览表

序号	数据表名称	实体表名
1	监测区域表	JCCA01A
2	专业监测基本信息表	JCCA02A
3	专业监测点	JCCA03A
4	监测剖面表	JCCA04A
5	监测点责任人表	JCCA05A
6	监测点建设单位	JCCA06A
7	监测点监测单位	JCCA07A
8	监测仪器信息表	JCCA08A
9	监测仪器信息附表	JCCA08B
10	仪器生产单位表	JCCA09A
11	管理部门表	JCCA10A
12	汛期值班人员	JCCA11A
13	隐患点威胁对象表	JCCA12A
14	监测点数据表	JCCA16A
15	单体预警模型表	JCCA17A
16	单体预警模型判据表	JCCA17B

续表 3-9

序号	数据表名称	实体表名
17	雨量预警模型表	JCCA18A
18	泥深与横截面关系曲线系数表	JCCA19A
19	泥石流流速计算系数表	JCCA19B
20	泥石流淤积量数据表	JCCA19C
21	监测点预警结果表	JCCA20A
22	预警措施建议表	JCCA20B
23	传感器信息表	JCCA21A
24	预警信息数据表	JCCA22A

3.4 矿山地质环境核心业务数据结构规范

矿山地质环境核心数据逻辑结构如图 3-9 所示，矿山地质环境核心数据表主要表述矿山相关信息，如表 3-10 所示。

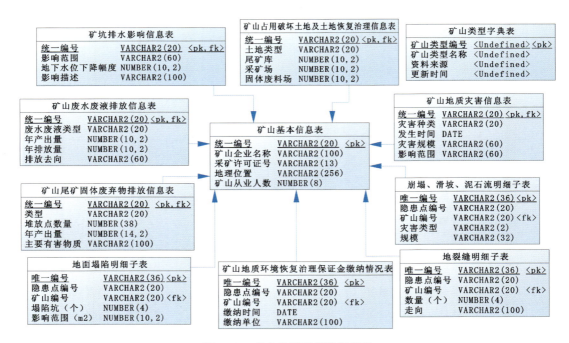

图 3-9 矿山地质环境数据逻辑

注：图 3-9 中只显示了部分表结构，并不是表的完整表结构。

表 3-10 矿山地质实体一览表

序号	实体名称	实体代码
1	矿山基本信息表	KDAA01A
2	矿坑排水影响表	KDAA02A
3	矿山废水废液排放信息表	KDAA03A
4	矿山尾矿固体废弃物排放信息表	KDAA04A
5	矿山地质灾害信息表	KDAA05A
6	矿山占用破坏土地及土地恢复治理信息表	KDAA06A
7	矿山类型字典表	KDAA07A
8	崩塌、滑坡、泥石流明细子表	KDAA11A
9	地面塌陷明细子表	KDAA12A
10	地裂缝明细子表	KDAA13A
11	矿山地质环境恢复治理保证金缴纳情况表	KDAA14A

3.5 地下水环境核心业务数据结构规范

地下水环境主要包括地下水动态监测以及地下水污染两部分。地下水动态监测核心数据逻辑结构如图 3-10 所示，图 3-10 中只显示了部分表结构，并不是完整表结构。地下水动态监测数据实体表见表 3-11。

表 3-11 地下水动态监测实体一览表

序号	实体名称	实体代码
1	地下水监测井基本情况	DSBA01A
2	地下水监测孔井管情况表	DSBA02A
3	地下水钻孔地层情况表	DSBA03A
4	地下水监测点大地测量情况表	DSBA04A
5	地下水监测点位置情况表	DSBA05A
6	地下水监测机构情况表	DSBA06A
7	地下水水温监测记录表	DSBA07A
8	地下水水位监测记录表	DSBA08A
9	地下水水质分析表(送样清单)	DSBA09A
10	地下水水质分析分项值记录表	DSBA10A
11	地下水水质分析参数表	DSBA11A
12	地下水水质分析数值范围参照表	DSBA12A
13	地下水水质分析项目单位量纲参照表	DSBA13A
14	地下水水质分析取样表	DSBA14A
15	监测仪器表	DSBA15A

续表 3-11

序号	实体名称	实体代码
16	监测仪器使用表	DSBA16A
17	监测仪器维护记录表	DSBA17A
18	地下水观测井基本情况表	DSBA36A
19	地下水开采量监测记录表	DSBA37A
20	地下水位监测野外记录表	DSBA38A
21	地下水位自动监测记录表	DSBA39A
22	地下水温监测记录表	DSBA40A
23	地下水水质监测综合成果表	DSBA41A
24	地下水位统测野外记录表	DSBA42A

图 3-10 地下水动态监测核心数据逻辑结构

地下水污染下各个数据表之间相互独立,没有关联关系,其数据实体表见表 3-12。

表 3-12 地下水污染实体一览表

序号	实体名称	实体代码
1	工业矿业污染源调查表	DSCA01A
2	农业污染源调查表	DSCA02A
3	入河排污口情况调查表	DSCA03A
4	地下水污染调查野外水样采集表	DSCA04A
5	地下水有机污染分析成果表	DSCA05A

3.6 地质遗迹(地质公园)核心业务数据结构规范

地质遗迹(地质公园)调查数据主要涉及地质遗迹集中区、地质遗迹点、坐标集、多媒体等方面的信息,地质遗迹调查核心数据逻辑结构如图 3-11 所示,图 3-11 中只显示了部分表结构,并不是完整表结构,地质遗迹实体数据见表 3-13。

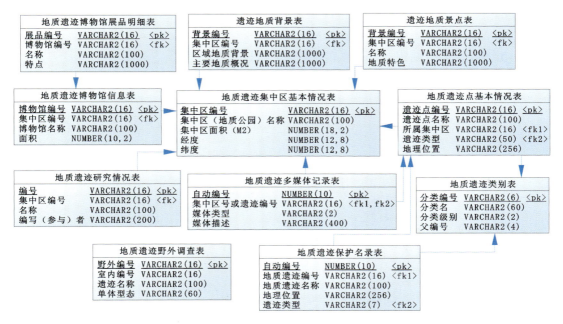

图 3-11 地质遗迹调查核心数据逻辑结构

表 3-13　地质遗迹实体一览表

序号	实体名称	实体代码
1	地质遗迹集中区基本情况表	DYAA01A
2	地质遗迹点基本情况表	DYAA02A
3	地质遗迹多媒体记录表	DYAA03A
4	地质遗迹保护名录表	DYAA04A
5	地质遗迹类别表	DYAA05A
6	地质遗迹野外调查表	DYAA06A
7	遗迹地质背景表	DYAA07A
8	遗迹地质景点表	DYAA08A
9	地质遗迹博物馆信息表	DYAA09A
10	地质遗迹博物馆展品明细表	DYAA09B
11	地质遗迹研究情况表	DYAA10A

3.7　水文地质核心业务数据结构规范

水文地质数据逻辑模型如图 3-12 所示，除图 3-12 中所示以外，其他水文地质表属于独立的数据表，与其他表之间没有关联关系，因此不在图中体现。图 3-12 中只显示了部分表结构，并不是完整表结构。水文地质数据实体表见表 3-14。

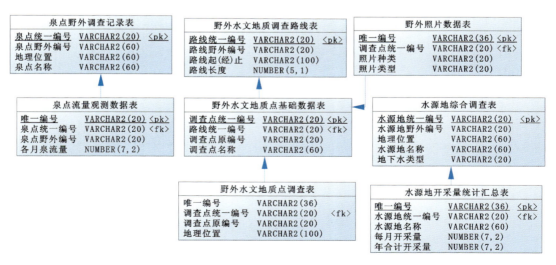

图 3-12　水文地质数据逻辑模型

表 3–14　水文地质实体一览表

序号	实体名称	实体代码
1	野外水文地质调查路线表	SWAA01A
2	野外水文地质点基础数据表	SWAA02A
3	野外照片数据表	SWAA03A
4	野外水文地质点调查表	SWAA04A
5	机（民）井调查表	SWAA05A
6	农村灌溉用水典型井核查表	SWAA06A
7	农村生活用水典型井核查表	SWAA07A
8	地下水单井开采量调查表	SWAA08A
9	泉点野外调查记录表	SWAA09A
10	泉点流量观测数据表	SWAA10A
11	岩溶水点综合调查记录表	SWAA11A
12	矿坑（老窑）调查记录表	SWAA12A
13	地表水点综合调查表	SWAA13A
14	水源地综合调查表	SWAA14A
15	水源地开采量统计汇总表	SWAA15A
16	岩溶水天然水点野外调查记录卡片	SWAA16A
17	岩溶/地质点野外调查记录卡片	SWAA17A
18	井野外调查记录卡片	SWAA18A
19	岩溶洞穴野外调查记录卡片	SWAA19A
20	岩溶生态环境地质野外调查记录卡片	SWAA20A
21	岩溶塌陷野外调查表	SWAA21A
22	路线小结记录卡片	SWAA22A
23	土地利用现状野外调查记录卡片	SWBA06A
24	地质点野外调查记录卡片	SWCA03A
25	岩溶地貌野外调查记录卡片	SWCA01A
26	石漠化野外调查记录卡片	SWSA03A
27	岩溶干旱野外调查记录卡片	SWSA04A
28	岩溶洪涝洼地野外调查记录卡片	SWSA05A
29	流域总结记录卡片	SWAA23A
30	草本层野外样方调查记录卡片结果	SWBA02B
31	草本层野外样方调查记录卡片	SWBA02A
32	灌木层野外样方调查记录卡片	SWBA03A
33	灌木层野外样方调查记录卡片结果	SWBA03B

续表 3－14

序号	实体名称	实体代码
34	乔木层野外样方调查记录卡片	SWBA04A
35	乔木层野外样方调查记录卡片结果	SWBA04B
36	土壤野外调查记录卡片	SWBA05A
37	植物群落野外样地记录卡片	SWBA01A
38	岩溶洞穴野外测量记录卡片	SWCA02A
39	岩溶洞穴野外测量记录卡片结果	SWCA02B
40	抽水试验记录卡片	SWLA01A
41	抽水试验记录卡片恢复水位	SWLA01B
42	抽水试验记录卡片水位	SWLA01C
43	抽水试验记录卡片水样	SWLA01D
44	流量水位动态观测记录卡片	SWLA02A
45	流量水位动态观测记录卡片结果	SWLA02B
46	野外测流记录卡片	SWLA03A
47	地下水污染调查记录卡片	SWPA01A
48	水土流失野外调查记录卡片	SWSA01A
49	湿地野外调查记录卡片	SWSA02A
50	水样分析记录卡片	SWTA01A
51	岩样分析记录卡片	SWTA02A
52	表层岩溶泉野外调查记录卡片	SWWA01A

3.8 地质钻孔核心业务数据结构规范

地质钻孔数据的逻辑模型如图 3－13 所示，图 3－13 中只显示了部分表结构，并不是完整表结构，地质钻孔数据实体见表 3－15。

表 3－15 地质钻孔实体一览表

序号	实体名称	实体代码
1	保管单位表	ZKAA01A
2	项目表	ZKAA02A
3	钻孔基本信息表	ZKAA03A
4	钻孔矿种表	ZKAA04A
5	抗旱井基本信息表	ZKAA05A

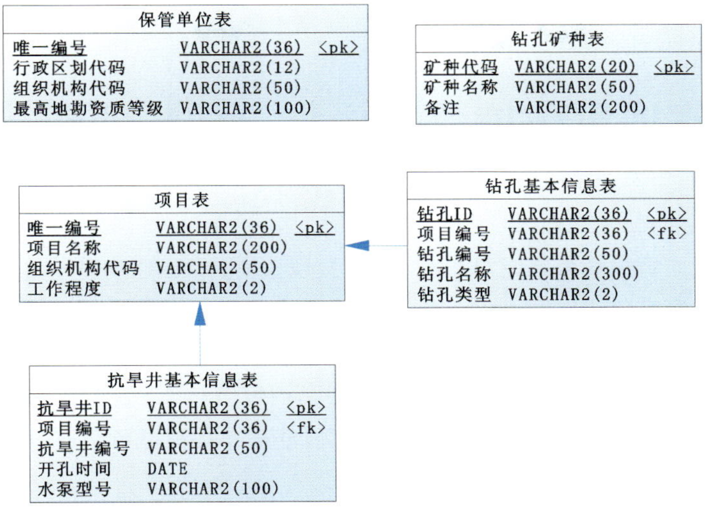

保管单位表		
唯一编号	VARCHAR2(36)	\<pk\>
行政区划代码	VARCHAR2(12)	
组织机构代码	VARCHAR2(50)	
最高地勘资质等级	VARCHAR2(100)	

钻孔矿种表		
矿种代码	VARCHAR2(20)	\<pk\>
矿种名称	VARCHAR2(50)	
备注	VARCHAR2(200)	

项目表		
唯一编号	VARCHAR2(36)	\<pk\>
项目名称	VARCHAR2(200)	
组织机构代码	VARCHAR2(50)	
工作程度	VARCHAR2(2)	

钻孔基本信息表		
钻孔ID	VARCHAR2(36)	\<pk\>
项目编号	VARCHAR2(36)	\<fk\>
钻孔编号	VARCHAR2(50)	
钻孔名称	VARCHAR2(300)	
钻孔类型	VARCHAR2(2)	

抗旱井基本信息表		
抗旱井ID	VARCHAR2(36)	\<pk\>
项目编号	VARCHAR2(36)	\<fk\>
抗旱井编号	VARCHAR2(50)	
开孔时间	DATE	
水泵型号	VARCHAR2(100)	

图 3-13 地质钻孔数据逻辑模型

4　云南省地质环境数据采集、存储、处理、汇交规范

《云南省地质环境数据采集、存储、处理、汇交规范》主要是对数据采集、存储、处理、汇交等已有标准、规范进行集成、补充及完善,对数据采集、整理、建库及检查等过程做了规范性描述,并明确提交成果的要求。地质环境数据采集、存储、处理、汇交、提交成果规范的主要内容包括基本要求、数据源、数据库建设、数据汇交内容及要求、数据质量控制与评价、检查验收与评价、地质环境元数据信息采集。该标准规范在于规范基础数据库的建设,从根本上解决数据的标准化问题。

4.1　基本要求

4.1.1　人员要求

配备一定数量且具有相当管理水平、技术水平的人员,包括项目负责人、技术负责人、质量检查员、班组长、作业员以及数据库应用负责人,明确其分工职责,并在建库前进行专业基本知识及计算机知识的培训,制订建库技术方案和实施方案。

4.1.2　软、硬件要求

软件要求:本规范中数据库建设工作流程适用的 GIS 软件平台为 MapGIS 6.5 和 ArcGIS 9.2,或者两者的更高版本。

硬件要求:计算机必须为具 Pentium4 3G 以上 CPU,2G 以上内存,40GB 以上剩余硬盘空间,显存 512M 以上显卡。

4.1.3　管理制度要求

在建库过程中,数据库建设单位要归纳记载各种问题及其处理情况,填写作业情况记载表。实现自检、互检、抽检三级质量监控制度,以保证数据库建设成果的质量。

4.1.4　数学基础要求

4.1.4.1　MapGIS 数据

需要提供以下两种坐标系数据。

(1)平面直角坐标系:6°分带、高斯-克吕格投影、CGCS2000 椭球参数、1∶5 万或 1∶10

万比例尺。

（2）将平面直角坐标系投影变换为大地经纬度坐标系，以度（°）为单位。

4.1.4.2 ArcGIS数据

需要提供以度（°）为单位的大地经纬度坐标系数据。

4.1.5 数据内容与结构的要求

根据本规范的要求设计数据库结构，如根据云南省地质环境数据的具体情况，需要增加图层、属性表、属性表字段、自编代码或调整数据项长度等内容，并在数据整理记录表和元数据文件中对增加的内容进行详细的描述。

4.2 数据源

云南省地质环境数据的数据源主要包括地质灾害、地下水、地质遗迹（地质公园）和矿山地质环境4个业务领域的空间数据与属性数据。

云南省多年来积累了大量地质环境信息数据，数据业务包括基础地理资料、地质灾害调查、群测群防、治理工程、地质灾害危险性评估、地质灾害防治规划、地质灾害专业监测、地质灾害气象预警、城市地质环境、水工环地质钻孔、地质遗迹（地质公园）、地下水动态监测、地下水污染调查、水文地质调查评价等，并根据业务需要建立了地质灾害数据库、地质灾害危险性评估数据库、地质灾害防治规划数据库、地质遗迹（地质公园）数据库、水文地质调查数据库等。

基础地质要素以及地层、构造、产状等空间数据，直接采用经过自然资源主管部门检查验收的数据，并检查核对其数据的数学基础精度、拓扑关系的一致性以及数据源的现势性等。

对于属性数据，直接采用经过自然资源主管部门检查验收的数据，检查是否按照规范编制了数据字典，是否有元数据，检查数据质量是否满足要求等。

4.3 数据库建设

4.3.1 数据库建设的技术流程

数据库建设主要包括3个阶段：资料收集和预处理阶段、数据采集和整理阶段、数据处理及格式转换以及数据入库和数据存储阶段。已经完成数据采集的并形成了电子成果，其工作流程可从数据整理开始，通过格式转换完成数据库建库。

4.3.2 资料收集和预处理

4.3.2.1 资料收集

需要从以下几个方面考虑并收集资料。

（1）图件资料，主要有基础地理底图、基础地质底图、地质灾害、地质环境和地下水调查评价与监测图以及其他需要的图件。

(2)空间数据资料：数据库中可共用的空间图形数据以及尽可能齐全的电子数据。

(3)文字资料：主要是相关文件、文本、相关规范和标准等。

(4)其他资料：可以有遥感影像以及图片、图像或多媒体资料。

4.3.2.2 资料预处理

数据预处理就是在全面收集资料的基础上，对资料进行系统的分析研究、综合整理及筛选等。所有资料分为空间数据和非空间数据两大类。空间数据包括矢量数据和光栅图件，也可是纸质图件，同时坐标信息在此处也可归为空间数据。这些数据经过建库过程最终成为满足本规范要求的空间数据库；非空间数据主要是有关的表格、文件以及相关规范和标准等。

(1)空间数据：对电子数据中相关的空间图层数据进行筛选，并严格检查其数据质量，修改处理不正确的空间拓扑关系、不合精度的套合关系、不正确或不统一的数学基础、不合要求的接边关系等问题。

(2)非空间数据：对电子数据中相关的非空间数据进行筛选，包括调查表格以及文档等。综合分析研究能否从相对应的表格或文档得到空间图层数据的属性信息。

4.3.3 数据采集和整理

数据采集和整理的主要工作内容是按照本规范进行数据挑选和生成，建立分层文件并标准化命名。基础地理部分可采用云南省测绘资料档案馆（云南省基础地理信息中心）发布的1∶50万、1∶25万、1∶10万、1∶5万、1∶1万等比例尺空间数据作为基础，根据需要进行补充和删减；基础地质部分可依据云南省地质调查局收集的1∶50万、1∶20万等比例尺地质图数据库进行适当简化；专题图部分可依据云南省地质调查局收集的1∶5万、1∶10万等比例尺地质图数据库进行适当简化；其他相关图件可采用图形扫描矢量化，经过点线编辑、图面检查、图形校正、建立拓扑（对于公共弧段建立统一的拓扑关系，其他无公共弧段的单独图层可分层建立）等过程完成。

4.3.3.1 数据采集软件

数据采集使用云南省地质环境信息系统统一建设完成的数据采集软件。软件除数据采集功能外，还提供数据维护、查询、统计、分析功能。

数据采集类型主要有地质灾害调查、地质灾害监测预警、地质灾害治理工程、搬迁避让、地下水资源调查、地下水污染调查、矿山地质环境调查、地质遗迹（地质公园）调查、区域地质环境调查等。

4.3.3.2 空间数据采集和分层处理

(1)对已有的基础空间数据，可以根据本规范分层导入并整理；对仅收集到图件资料的情形，可通过图形扫描矢量化，用GIS软件编辑点、线、面，并建立拓扑关系，按本规范分层要求，分别存入相应图层文件。

(2)对于新采集、处理的图形数据，要将其图形数据进行公共弧段套合检查，对不套合或套合精度未达到要求的图形数据进行处理,以达到建库要求。

4.3.3.3 建立图层属性结构

按照本规范的要求,分别建立各图层的属性结构。

4.3.3.4 属性数据录入

按照"规范"规定的要求,录入经审核批准的成果和图件的属性数据。属性的录入可以在 GIS 软件中进行,也可在数据库管理软件中直接录入,经属性一致性检查后,再与图形库挂接。对于本规范中"约束条件"项中规定的必填项,需保证数据的完整性。

4.3.3.5 数据整理

(1)空间数据要素分层整理:①按照本规范要求对空间数据进行整理,整理内容主要包括检查数据分层、规范分层文件命名、修改完善属性结构并填写属性值等;②对已经完成采集的数据,进行空间数据的分层整理,包括规范分层文件命名、修改完善属性结构并填写属性值等;③对详细整理后的空间数据进行数据投影变换和属性挂接,完成单一 GIS 平台上的初始建库。

(2)元数据数据库建设:在空间数据库和表格、文档数据库完成后,即进行"元数据信息采集表"填写,完成数据检查和修改后,在数据中心指定数据库中按照本规范要求建立元数据属性表,按照"元数据信息采集表"的内容进行属性录入。同样,元数据属性表建立录入内容后,要参照"元数据信息采集表"进行数据一致性检查,完成检查修改后形成元数据数据库。

(3)数据库内容的扩展:空间数据的属性结构应严格按照本规范定义。如根据云南省的具体情况,在数据库中增加图层、属性表、属性表字段、自编代码或调整数据项长度等内容,并在数据整理记录表和元数据文件中对增加的内容进行详细的描述,包括内容、类型、结构、大小、数据说明等(其中增加的数据项应放在表的最后),再将上述内容及时反馈给中国地质环境监测院有关人员。

4.3.4 数据处理及格式转换

地质环境空间数据一般涉及 3 种格式的空间数据库:MapGIS 格式、ArcGIS Personal Geodatabase(以下简称为 Geodatabase)格式及 ArcGIS Shapefile(以下简称为 Shape)格式。如果空间数据库建库流程是在 MapGIS 平台上进行,则最终成果需向 ArcGIS 成果转换,同时需要提交 MapGIS 成果;如果空间数据库建库流程在 ArcGIS 平台上进行,成果只需要提交 ArcGIS 成果。

4.3.4.1 数据统一化处理

空间数据的采集方式、数据来源的不同,会导致成果数据的格式、坐标系统、投影参数等各不相同。所以在建库之前,需要将各种不同来源的数据格式进行统一。针对目前的数据现状,所有非 ArcGIS 格式的数据(主要是 MapGIS 数据)都要转成 ArcGIS 格式的 SHP 文件或者 MDB 文件,坐标系统统一采用地质环境系统所要求的坐标系统。遥感影像数据统一采用 TIF 格式。

4.3.4.2 数据标准化处理

所有数据在入库之前,首先遵循《地质图空间数据库标准》,对数据内容进行标准化处理,以便构建统一的适合地质环境应用的基础地理信息。主要内容包括基础地形图的绘编和缩编处理、属性数据格式的统一化处理、遥感影像的几何纠正处理等。

4.3.5 数据入库和数据存储

数据入库主要是将空间数据和属性数据根据关键字段进行挂接并检查,将文档、图件等导入数据库,保证数据库运行正常,且统计、查询、检索无误。数据采集完成的属性数据采用 Access 数据库存储。

4.3.6 数据模型元数据采集

对于空间数据,需要按照"云南省地质环境综合库规范"建立空间数据图层及属性字典;对于属性数据,需要按照"云南省地质环境综合库规范"建立数据文件字典(数据表元数据)、数据文件属性字典(数据表字段元数据)、数据文字值字典、数据项关系字典和非空间数据字典。

按照元数据采集和统一管理要求,建立完整的空间和属性数据字典,实现元数据和数据字典的更新。

4.4 数据汇交形式及成果要求

4.4.1 数据汇交形式要求

数据汇交形式主要包括国家级节点各业务部门向国家级节点数据中心的数据汇交以及省级节点各业务部门向国家级节点数据中心的数据汇交。

4.4.1.1 数据汇交内容

数据汇交内容主要包括地质灾害、地下水、地质遗迹(地质公园)和矿山地质环境 4 个业务领域的空间数据和属性数据。空间数据主要包括文件型数据、文件数据库和关系数据库;属性数据主要包括数据库数据和文件型数据。汇交数据参照四大业务领域综合库核心数据结构规范要求进行,主要包括的是国家节点定义的核心数据结构,各个省在国家节点核心结构上自行扩展的属性信息不需要向国家级节点汇交。

4.4.1.2 数据汇交格式

汇交数据包括各种不同来源的数据,主要有空间数据、属性数据和非结构化数据。空间数据有 ArcGIS、MapGIS 等类型;属性数据有 Oracle 数据库、SQL Server 数据库、Sybase 数据库、Access 数据库、MySQL 数据库、Excel 文件、文本文件、XML 文件等;非结构化数据主要是各种文档、图片、视频等。

4.4.1.3 汇交数据质量

结合"云南省地质环境综合库规范"中定义的综合库数据入库质量标准来定义数据交换的数据质量,对不符合要求的数据,通过数据交换工具的质量控制与筛选,形成不合格数据列表,反馈给数据来源部门进行修改。

4.4.1.4 数据汇交手段和工具

主要采用 ETL 工具作为数据汇交工具,定义数据汇交频率、汇交流程等。

4.4.2 成果数据要求

4.4.2.1 成果提交资料目录

(1)空间数据:①ArcGIS 平台下建库,提交 ArcGIS Shapefile 或 ArcGIS Personal Geodatabase 格式数据[以度为单位的大地经纬度(°)坐标数据];②MapGIS 平台下建库,提交 MapGIS 的矢量数据格式或 MapGIS 的数据库格式数据,同时提交 MapGIS 格式的成果数据(高程基准:1985 国家高程基准;坐标系:CGCS2000 国家大地坐标系)。

(2)文档包括文本、说明文件、附件以及其他文档资料(Word 和 Html 两种格式)。

(3)成果附表为 Excel 表格文件。

(4)数据采集表(Word 格式),元数据入库数据(ACCESS 和 DBF 两种格式)。

(5)自编代码字典(ACCESS 格式),需标明所属数据项名称。

(6)成果图文件(MapGIS 或 ArcGIS 格式),含工程、图层和系统库文件等。

4.4.2.2 成果提交形式及内容

汇交数据文件按表 4-1 进行物理存储,存储介质为光盘。在提交成果之前,要全面查杀毒,确保数据安全。

表 4-1 汇交数据文件形式表

一级目录	二级目录文件名及内容		三级目录及文件名约定及内容	
	内容	路径名	内容或路径名	文件名
××省地质环境基础数据库	成果文件	成果图	经过投影和图面整饰的最终打印工程与图层文件(含辅助文件和系统库 SLIB)	工程文件、图层文件分别按本规范命名。系统库要使用易于识别的自定义命名
	MapGIS 建库文件	MapGIS	MapGIS 各图层(大地经纬度坐标与平面直角坐标)	按本规范要求
	ArcGIS 文件	ArcGIS	Geodatabase 文件(大地经纬度坐标)	按本规范要求
			Shape 文件(大地经纬度坐标)	
	文档	文本	文本、说明文件、附件以及其他文档资料(Word 和 Html 两种格式)	

续表 4-1

一级目录	二级目录文件名及内容		三级目录及文件名约定及内容		
	内容	路径名	内容或路径名		文件名
××省地质环境基础数据库	附表	成果附表	Excel 格式		按本规范要求
	元数据	元数据	ACCESS 格式	MDB	按本规范要求
			元数据采集表（Word 格式）		
	自编代码字典	字典	ACCESS 格式	MDB	自定义，易于识别
	其他文档	其他文档	建库工作报告、电子文件说明、质量检查记录表等（Word 格式）		自定义，易于识别

4.4.2.3 成果数据汇交范围

成果数据包括地质灾害防治规划、矿山环境保护与治理规划、地质灾害调查、区域地质环境调查、地质灾害应急调查、矿山地质环境、地下水资源、区域水文地质、地热和矿泉水调查、有害元素异常分布、地质灾害群测群防、地质遗迹保护区和国家地质公园等。

4.4.2.3 数据库成果提交要求

（1）数据库成果提交要求：按照地质灾害调查评价、地质灾害详细调查、地质灾害勘查、地下水环境调查、矿山地质环境调查、地质遗迹（地质公园）调查、区域地质环境调查相关的信息化成果技术要求提交。

（2）建库承担单位建库报告要求：数据库建库报告包括自检报告、工作报告和技术报告。

一、自检报告内容要求

（1）自检内容：建库过程中形成的每个步骤。

（2）自检主要方法和程序：自检应 100% 检查，应对应检查内容逐一进行检查。

（3）自检结果。

二、数据库建设工作报告内容要求

（一）项目概述

（1）建库工作区基本情况简介（含地理位置、面积、人口、经济和辖区划分等内容）。

（2）承担建库单位基本情况简介（含软、硬件环境，人员，单位性质等内容）。

（3）原始资料基本情况简介。

（4）建库投入（含建库起止日期、人员及人天、经费等）。

（二）建库工作的组织实施

（1）项目管理方式（组织模式等）。

（2）质量控制管理。

（3）经费支出管理。

（三）建库主要成果

（1）数据成果。

(2)图件与表格成果。
(3)文字成果(含电子文档)。
(四)存在的问题及建议
主要是协调管理方面的问题(不含技术问题)。
(五)数据库成果应用设想
三、数据库建设技术报告内容要求
(一)建库概述
(1)建库背景及技术准备。
(2)建库依据。
(3)主要技术路线。
(4)软、硬件环境。
(二)数据采集处理(含方法及质量控制)
(1)技术流程。
(2)资料预处理。
(3)数据采集与整理,包括数据输入、坐标转换、数据检查整理、数据综合编辑处理、数据分层、属性录入、数据格式转换、数据入库。
(三)存在的问题及解决方案
(1)已解决的问题及处理方法。
(2)未解决的问题及建议。

4.5 数据质量控制与评价

4.5.1 数据质量控制基本要求

为保证地质环境基础数据库质量,需按三级检查要求进行质量控制。
一级检查:作业组自查、互检。要求100%的全面检查。
二级检查:在作业组自查、互检的基础上,由项目负责人或项目质检人员对作业组生产的数据进行100%的全面检查。
三级检查:在二级检查的基础上,对作业组生产的数据进行再一次检查。三级检查由生产单位的质量管理部门或质检员负责,按抽样比例进行检查。
对每级检查发现的问题应进行全面修改,并经复检通过后方可提交下一级检查或验收。

4.5.2 数据质量控制与评价的方法

为了确保数据质量,应对其进行质量控制和评价,笔者建议可依据《国土资源数据库数据质量检查验收规范》的方式方法和方案规则对所建数据库质量进行检查控制及评价。

4.5.3 检查主要内容和方式方法

根据《国土资源数据库数据质量检查验收规范》中对检查项以及数据质量元素的规定，结合项目的具体情况，确定检查内容及相应的检查方式方法。

4.5.3.1 成果提交形式检查

(1)数据文件命名及目录存放检查：检查成果内容目录存放是否符合规范要求。

(2)成果数据完整性检查：图层完整性检查(包括图层子表)，检查遗漏或冗余的图层、自定义图层、附表及元数据完整性。

(3)数据文件存储格式检查：检查是否符合规范要求。

4.5.3.2 空间数据质量检查

(1)图层数据检查。

投影方式与坐标系统检查：图层空间位置的正确性，主要检查空间坐标的正确性。

拓扑关系检查：图形数据拓扑关系的正确性，主要检查是否有多余的多边形碎片及多余的弧段，孤立的点、线要素是否合理，悬挂的线要素是否合理。

几何精度检查：图层之间逻辑关系的一致性，主要检查各图层之间应当相互重叠的点、线、面是否能保持基本一致，做到不扭结、不交叉、不裂缝等。

图层图元数据完整性检查：主要检查空间实体、符号、注记等的完整性。

检查要素分层的正确性及各要素图层关系的正确性，包括图层与子图层的关联关系。

(2)属性数据检查。

图层属性数据(包括子表数据)结构完整性检查：根据本规范检查遗漏或冗余的字段。

图层属性数据(包括子表数据)结构正确性检查：根据本规范检查字段代码、字段类型、字段长度等是否正确。

图层属性数据字段内容完整性检查：检查字段内容为空值是否合理。

图层属性数据字段内容正确性检查：检查代码型数据项填写内容的正确性、标准化或唯一性数据项填写内容的正确性、具有逻辑关系的数据项填写内容的正确性、说明性字段内容的合理性。如"目标标识码"的唯一性，最小基本单元属性内容的正确性。

图元与属性对应关系的正确性检查。

检查主表与子表的关联关系的正确合理性。

4.5.3.3 表格数据、元数据表检查

(1)表格数据(包括子表)检查。

结构完整性：字段是否缺失、是否有自定义、结构顺序是否错位。

结构正确性：字段代码、字段类型、字段长度是否符合标准。

字段内容完整性：关键字段内容是否为空。

字段内容正确性：字段值是否正确，是否符合取值范围。

检查主表与子表的关联关系的正确合理性。

（2）元数据表检查。

结构完整性：字段是否缺失、是否有自定义、结构顺序是否错位。

结构正确性：字段代码、字段类型、字段长度是否符合标准。

字段内容完整性：关键字段内容是否为空。

字段内容正确性：字段值是否正确，是否符合取值范围。

根据规范中要求填写的元素据采集表检查元数据的录入是否正确。

4.5.3.4 文档的检查

文档检查包括对文本、说明文件、附件、元数据文档及本次建库过程中新增的文档资料（工作方案、技术方案、工作报告、技术报告以及项目过程中的相关说明）等进行检查。

（1）文本、说明文件、附件等检查：对照经审批后的纸质报告检查电子文档内容，要求不缺漏，逻辑清晰，文档内容描述准确，文档结构符合相关规范标准。

（2）建库过程中新增的文档资料，如建库工作报告、技术报告等检查：符合本规范要求。

（3）文档格式：符合《计算机软件文档编制规范》(GB/T 8567—2006)。

4.5.3.5 空间图层数据与非空间数据对应关系的检查

（1）依据本规范所指引的关系检查与空间数据关联的附表和其对应图层的关系的正确性。根据成果附表内容，按图层中图元编号的对应关系，对图元进行检查。

（2）检查与空间数据相关联的附表与其对应图层的一致性。图层属性内容与表格数据内容的对应性检查，按照本规范中所描述的关系检查。

4.6 检查验收与评价

4.6.1 成果检查与验收

4.6.1.1 检查验收目的

规范地质环境数据库建设，保证数据库建设质量，为地质环境信息化建设提供高质量的数据基础。

4.6.1.2 检查验收的依据

主管单位对承担单位提交的数据库可参照《国土资源数据库数据质量检查验收规范》，按通过与不通过判定数据质量的评价方法，或按优秀、良好、合格与不合格判定数据质量的评价方法进行检查验收。

4.6.1.3 检查验收制度

建立建库承担单位自检、省级预检、验收和国家级抽查三级检查验收制度。预检、验收本着"实事求是、公平、公正、公开"的原则，以保证验收工作的科学性和严肃性。参加检查工作的人员，若有可能影响工作的公正、公开，则应回避。

自检制度：为保证地质环境数据库成果质量，每个阶段或重要技术环节完成后必须认真检查。建库承担单位应建立作业人员和技术人员之间的自检、互检以及审校人员的审核等检查制度。

预检验收制度：由项目承担单位向省级建库主管部门提出书面预检申请。经过审查同意后，由项目组织实施单位，组织专家进行预检，并提交预检报告；由省级建库主管部门负责将本辖区内预检通过的地质环境数据库成果和其预检报告进行汇总，并向国家级建库主管部门提交验收申请；国家级建库主管部门组织有关单位和技术人员对申请验收的成果进行检查验收。

4.6.1.4 成果验收程序

地质环境数据库验收程序如下。

(1)由建库承担单位提交预检申请，并连同自检报告、建库技术报告和建库工作报告以及所有的数据库建设成果一并报省级建库主管部门。

(2)省级建库主管部门和有关单位组织人员成立成果预检组，按照本规范进行预检。

(3)省级建库主管部门组织评委对提交的地质环境数据库成果进行全面的验收检查，如有必要可请项目实施负责人向评委做说明，评委提出预检结果。

(4)检查验收以本规范以及有关标准规范为依据，凡按规定进行数据库建设并达到质量要求的项目即为合格。

(5)如果成果验收不合格，将验收意见返回承担单位。承担单位对数据进行修改完善后，再次提交验收，直至验收合格。

4.6.2 预检和验收的内容

预检和验收的内容包括地质环境数据库、图件、附表、文字报告以及元数据5部分。检查的重点和方法依据本规范的"数据质量控制与评价"。

4.6.3 预检报告和验收意见

地质环境数据库建设成果经过预检和验收程序后由预检组和验收组提交预检报告与验收意见。

4.7 地质环境元数据信息采集

地质环境元数据信息采集表内容采用自然资源部统一确定的元数据格式进行制订，见《国土资源信息核心元数据标准》(TD/T 1016—2003)，如表4-2所示。

表4-2 地质环境元数据信息采集表

数据集名称	
填表人	
单位	
通信地址	

续表 4-2

数据集名称	
邮政编码	
电话号码	
传真	
E-mail	
填表时间	

5 云南省地质环境数据交换规范

"云南省地质环境管理信息系统"是一个大型复杂的应用系统,该系统具有涉及面广、建设内容多、业务结构复杂等特点,并且节点之间因缺乏规范化文件指导其交换行为,呈现交换难、共享难的现象。通过建设地质环境数据交换规范,搭建地质环境数据交换体系,规范节点间数据交换行为,从而共同组建地质环境数据交换渠道,为云南省地质环境信息系统的"数据集成化、信息综合化、成果可视化、系统一体化"的总体目标实现奠定基础。《云南省地质环境数据交换规范》定义了地质环境信息化建设中地质环境数据汇交和数据交换的内容,以及交换流程、交换工具和工具要求。建设本规范的意义在于通过使用 ETL 工具进行数据汇交和交换,能够实现数据集中存储和共享,使得云南省地质环境数据真正"动起来"。

5.1 总体结构

5.1.1 概述

地质环境数据交换体系是在充分解读"地质环境信息系统实施方案"的基础上,依据实施方案的建设内容及要求设计,整个交换体系涉及国家级、省级、州市级、区县级四级节点的建设。云南省基于该方案,结合本省实际情况,完成省级数据中心的建设,州市、区县两级节点通过局域网直接将数据采集至云南省节点地质环境数据中心,如图 5-1 所示。

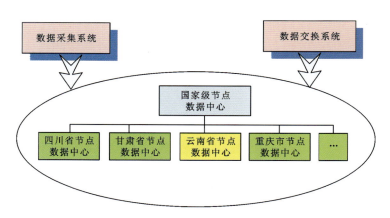

图 5-1 地质环境数据交换体系总体框架图

5.1.2 交换节点

依据地质环境数据交换体系的层次划分,各级节点承担工作具体如下。

(1)国家级节点:完成数据中心的建设,并利用相关工具完成全国各省、自治区、直辖市地质环境数据的汇交及标准化,同时为各省、自治区、直辖市之间的地质环境数据的交换提供交换渠道。

(2)省级节点:完成数据中心的建设,利用相关工具完成该省地质环境数据的汇交及标准化,同时为各地级市地质环境数据的录入提供接口。

5.1.2.1 国家级节点

国家级节点负责建设的数据中心,同时承担国家级节点的防火墙、共享库、数据交换前置桥接工具、中心数据交换工具等内容的建设(图5-2),具体工作如下。

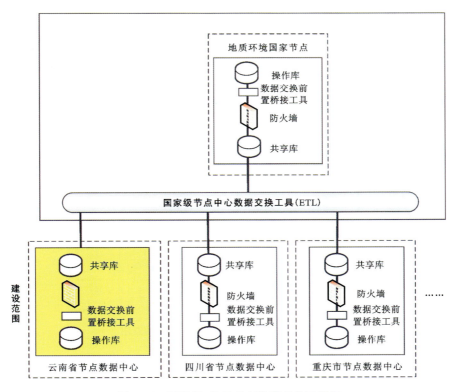

图5-2 国家级、省级节点数据交换示意图

(1)操作库:该库是数据中心的重要组成部分。在信息化标准体系的指导下,利用数据交换前置桥接工具完成省、自治区、直辖市提交的地质环境数据的标准化,为数据的分析及应用提供支撑,为数据交换提供基础。

(2)数据交换前置桥接工具:利用ETL工具,按要求完成操作库与共享库之间的数据交换、清洗及转换。

（3）共享库：完成各省、自治区、直辖市地质环境共享数据的暂存，为操作库的标准化提供数据基础；同时针对各省、自治区、直辖市对相关地质环境数据的交换需要，实现相关交换数据的中转服务。

（4）中心数据交换工具：利用 ETL 完成各省、自治区、直辖市级节点的共享库与本节点的共享库之间地质环境数据的交换及同步。

（5）防火墙：实现地质环境专网与本级节点内部网络间的安全逻辑隔离，增强数据的访问安全。

5.1.2.2 省级节点

省级节点需建设数据中心，并承担本级节点的防火墙、共享库、数据交换前置桥接工具、中心数据交换工具等内容的建设（图 5-3），具体工作如下。

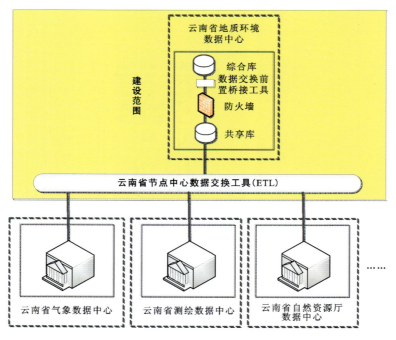

图 5-3　云南省省级节点数据交换示意图

（1）综合库：该库是数据中心的重要组成部分。在信息化标准体系的指导下，通过数据交换前置桥接工具完成各地市级提交的地质环境数据的标准化，为本级节点的数据分析及应用提供支撑，为本省各同级部门的数据交换提供基础。

（2）数据交换前置桥接工具：利用 ETL 工具按要求完成综合库与共享库之间的数据交换、清洗及转换。

（3）共享库：完成地市级节点地质环境共享数据的暂存，为综合库的标准化提供基础；同时针对地市级节点对相关地质环境数据的交换需要，实现相关交换数据的中转服务。

（4）中心数据交换工具：利用 ETL 完成地市级节点的共享库与本节点的共享库之间地

质环境数据的交换及同步。

（5）防火墙：实现地质环境专网与本级节点内部网络间的安全逻辑隔离，增强数据的访问安全。

5.2 交换模型

地质环境数据交换模型是在《政务信息资源交换体系》的基础上，结合地质环境的特殊性及实际需要建设完成，如图5-4所示。

图5-4 地质环境数据交换模型

地质环境数据交换模型采用数据集中的交换模式，该模式由一个中心节点、多个交换节点组成。如以地质环境数据中心为中心节点对象，交换节点则是下级地质环境数据中心节点或同级业务协作部门，同时在整个交换过程中，是以中心节点为中心枢纽展开整个交换行为。

建设时应充分考虑到本次数据交换体系中涉及4级交换节点，因此按照交换特征进行划分，又包括省间同级部门节点间的交换、省内同级部门节点间的交换两种模式。

5.2.1 云南省与国家级节点间的交换模式

省间同级部门节点间的交换模式是指不同省份地质环境数据中心节点之间发生的数据交换行为，该模式主要应用在省级节点间。例如云南省地质环境数据中心与四川省地质环境数据中心之间的数据交换行为即为省间同级部门节点间的数据交换。同级节点间不直接发生数据交换行为，而是借助上级节点的中心数据交换工具实现相关数据的汇交，最后再借助中心数据交换工具将数据同步到其他节点的共享库中。图5-5展示了A、B两省的数据交换过程，主要步骤如下。

（1）A省利用数据交换前置桥接工具将所需共享数据从业务库同步到共享库存储。

（2）利用国家级节点提供的中心数据交换工具将A省共享库中的共享数据同步到国家级共享库中暂存。

（3）利用国家级节点提供的中心数据交换工具将国家级共享库的相关数据同步到B省共享库存储。

（4）利用B省节点的数据交换前置桥接工具将所需数据同步到B省节点的业务库，从而结束此次数据交换行为。

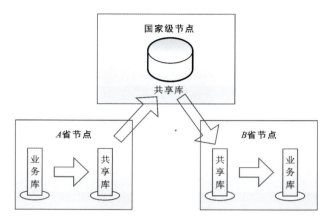

图 5-5　省间同级部门节点间的交换模式

5.2.2　省内同级部门节点间的交换模式

省内同级部门节点间的交换模式是指省内不同协作部门间发生的数据交换行为,该模式主要应用在省内协作部门间。例如云南省气象中心与云南省地质环境监测院间的数据交换行为即为省内同级部门节点间的数据交换。和云南省地质环境监测院相关的协作部门间可借助本省地质环境节点的中心数据交换工具实现相关数据的传输,最后再借助中心数据交换工具将数据同步到其他协作部门的共享库中。图 5-6 展示了 A、B 两协作部门的数据交换过程,主要步骤如下。

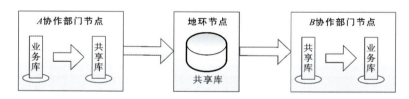

图 5-6　省内同级部门节点间的交换模式

(1) A 协作部门利用数据交换前置桥接工具将所需共享数据从业务库同步到共享库存储。

(2) 利用省级地环节点提供的中心数据交换工具将 A 协作部门共享库中的共享数据同步到省级地环节点共享库中暂存。

(3) 利用省级地环节点提供的中心数据交换工具将省级共享库的相关数据同步到 B 协作部门的共享库存储。

(4) 利用 B 协作部门的数据交换前置桥接工具将所需数据同步到 B 协作部门的业务库,从而结束此次数据交换行为。

5.3 资源形态

关系型数据:存储在异构关系型数据库中的数据。
文件资源:按一定规则存储在服务器的文件。

5.4 交换工具要求

5.4.1 工具选择

针对地质环境各级节点的交换需要,地质环境数据交换体系涉及数据交换前置桥接工具、中心数据交换工具等内容。考虑到数据交换前置桥接工具、中心数据交换工具都需实现异构数据的抽取、清洗、转换和装载,工具的其他内容则是因部署环境而存在少量差异,因而应选择同一品牌的ETL工具,通过部署在不同的环境从而达到前置桥接、中心数据交换的目标。

5.4.2 功能需求

以下功能要求是针对地质环境建设要求,各级节点在选择ETL工具时,需满足以下功能。

5.4.2.1 数据抽取

数据抽取是抽取源数据的过程,应支持以下两种抽取形式。

(1)全量抽取:能对数据源中的数据进行完全复制。该复制将产生与源数据完全一致的数据副本。该抽取方式主要应用在初始化数据抽取的时候,用于建立源数据和目标数据的一致视图,然后在此基础上进行增量抽取。

(2)增量抽取:只捕获源数据中被修改的数据,实现源数据的变化能够反馈到目标数据中,使得目标数据能够随着数据源的变化而改变。此类数据抽取方式支持触发器、MD5、时间戳3种方式捕获变化的数据。支持双向数据同步,当源数据和目标数据发生变化时,ETL能够使得两边的数据保持一致,能够避免双向同步产生的循环触发问题。

数据抽取通过不同的适配器,实现与各种异构数据源连接,进而抽取相关的数据。

5.4.2.2 数据转换清洗

数据转换与清洗是探测、去除或修正数据库来增加数据精确性的过程,实现减少冗余和提高已经结合了分散数据库的不同数据集的一致性。数据转换与清洗能通过列映射、派生列、条件性拆分、排序、连接、聚合、SQL脚本、Java脚本等多种手段完成任务有:①把多个不同数据源的数据合并;②不同数据集的转换和同步;③数据类型和格式的转换;④用于不同目标表的数据分离。

作为一个数据转换与清洗的工具,ETL应具有良好的易用性,数据清洗、转换等处理流程可通过图形化界面进行配置,系统提供多种数据转换组件,如字段映射、派生列、数据过滤、数据清洗、数据替换、数据连接、数据排序、数据查找等多种数据转换功能,且转换工序可定制。

5.4.2.3 作业调度功能

以作业的方式对数据处理任务进行调度,系统支持自主故障检测及恢复功能。考虑到数据的整合内容、步骤很多且需要经常按照同一模式执行配置好的整合流程,满足分步的、分时(实时)的数据整合过程,因此需要一个计划调度功能。通过创建作业可以实现流程的调度执行。调度方式非常灵活,可以是一次执行,也可以是反复按时间间隔执行。

5.4.2.4 监控管理功能

系统提供图形化监控功能,实现对数据处理各流程及执行情况的监控管理,包括多个节点统一监控,出现问题时主动报警,便于数据管理员及时处理。

5.4.2.5 断点续传功能

ETL采用缓存技术,具有良好的可靠性,当系统断电、数据源连接断开等情况发生后,系统具有响应的保护措施,保证消息传输不丢失。当问题解决时,系统能够自动检测问题,可实现自动恢复续传。

5.4.2.6 故障自主监测功能

ETL系统具有故障自主监测功能,当数据转换过程中出现故障时,故障信息能够传递给监控模块,实现主动报警并记录日志。故障解决后,系统能够根据故障点自动恢复。

5.4.2.7 转换开发接口功能

数据清洗转换过程中将涉及非常复杂、并且细节的数据处理工作。大量数据处理与原系统的业务逻辑相关,因此数据的清洗转换会遇到特殊逻辑处理工作,这往往需要在ETL的基础上有针对性地开发特殊转换逻辑。ETL应提供基于JAVA及JavaScript开发语言的二次开发接口,可有针对性地开发特殊的数据清洗转换组件,并快速集成到ETL中。

5.4.2.8 多种数据源的支持

ETL产品应支持多种异构数据源,主要包括达梦数据库、Oracle、Microsoft SQL Server、Sybase、MySQL、JMS、Excel、TXT、XML等。采用标准的数据访问协议(如JDBC、JMS、JAXP、FTP等)连接不同数据源,因此系统具有较强的扩展性和兼容性。同时系统提供二次开发接口,可根据项目的不同要求定义特殊的适配器,从而可解析特殊格式的数据源。

ETL产品除支持以上关系型数据源外,还应支持文件、WebService等数据源。

5.5 数据交换通道

5.5.1 云南省和国家级节点数据交换通道

中国地质环境监测院物理隔离内网和自然资源部信息中心通过专网连接,能够实现中国地质环境监测院和自然资源部信息中心的数据交换。

国家和省级节点数据交换主要通过全国的自然资源主干网（各省厅与自然资源部金土工程主干网连通）进行网络传输，中国地质环境监测院和自然资源部信息中心专线连接，省级地环节点和省厅专线连接，如图5－7所示。

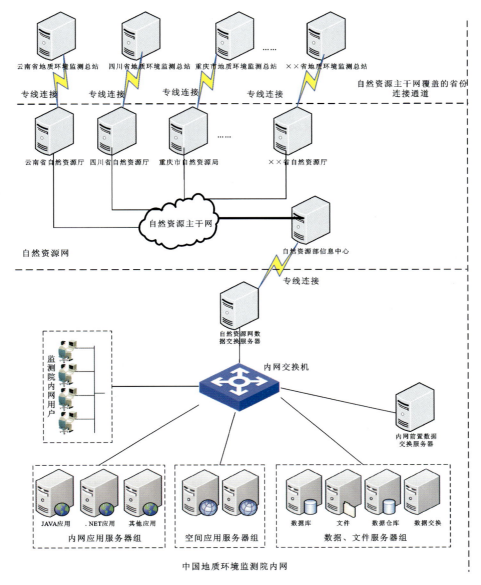

图5－7 省级节点与中国地质环境监测院连接通道

5.5.2 云南省内各部门数据交换通道

与省级其他部门数据交换，主要是指与其他业务部门的数据交互，如云南省气象局、云南省测绘资料档案馆（云南省基础地理信息中心）。

云南省地质环境数据中心和其他业务部门各自建立共享库，将所需共享的数据先传输到共享库，共享库之间通过专线网络进行数据交互，云南省地质环境数据中心综合库以及其他部门的基础库通过共享库读取被共享数据。

数据共享过程中，只传输被共享的数据到共享库，数据的交互通过共享库进行，通过共享库可以较好地保证数据的安全性。

5.6 数据交换内容和格式

5.6.1 云南省节点向国家级节点的数据汇交

从省级节点向国家级节点数据汇交的范围包括：地质灾害、地下水、矿山地质环境、地质遗迹（地质公园）4个业务领域的各种业务信息。汇交数据主要包括是国家节点定义的4个领域的核心数据结构，各个省在国家节点核心结构上自行扩展的属性信息不需要向国家节点汇交。

采用数据交换工具，通过关系数据库表记录方式进行数据汇交（含记录包括的附件载体）。

5.6.2 国家级节点向云南省的数据交换

国家节点向省级节点的数据交换主要包括标准规范、标准数据词典以及部分成果库内容。

当国家节点交换数据更新及扩展时（增加、删除、修改），通用数据交换也可实现省级节点相关标准数据的更新。

对于记录数据，采用数据交换工具，通过关系数据库表记录方式进行数据汇交。对于标准规范类文档，国家节点将标准规范管理子系统部署在外网上，供各省、自治区、直辖市通过用户名、口令方式访问后查询下载，手工入库到各省级的标准规范系统中。

5.6.3 与省级其他部门数据交换

云南省其他业务部门向云南省地质环境数据中心所交换的数据主要是本部门生产的与地质环境相关的专业性数据。各业务部门提供的专业数据将存储在云南省地质环境数据中心的共享库中，经过标准化处理后进入综合库，为云南省地质环境信息系统提供专业数据支持。

根据其他业务部门的需要，云南省地质环境数据中心向其他业务部门提供的数据地质环境业务数据，可通过各业务部门的数据工具提取到各业务部门的共享库中，经过各自的标准化处理后为其业务提供支持。

5.7 数据交换申请流程

5.7.1 目的

申请交换数据流程规范是为了规范申请单位向上级责任部门申请交换数据。

5.7.2 申请流程

申请单位填写需求交换数据表,向上级节点书面提出交换数据需求。上级节点在经过审查后,如果审核通过,则向申请单位下发详细的库结构;如果未通过审核,则上级节点下发未通过意见书。申请单位如果能收到上级节点下发的库结构,则在前置数据库上建立库结构,如图 5-8 所示。

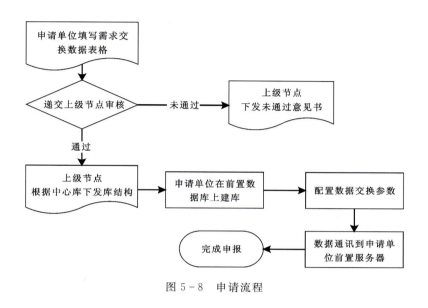

图 5-8 申请流程

5.7.3 申请文档

涉及到的申请文档如表 5-1 至表 5-6 所示。申请单位提交的《网络及硬件环境调研表》和《可共享数据调研表》,用于核实该单位是否具有交换申请数据项的资质。

表 5-1 数据申请表

填写单位:		填写时间:	
信息分类	来源单位	信息项	说明

表 5－2　网络及硬件环境调研表

填写单位：		填写时间：	
现有网络建设情况	□局域网　　□互联网 □专网　　　□其他 说明：	相关情况详细说明	
广电网络接入情况	□专线已到局 □专线到核心交换机 □专线和固定某电脑对接 □未接入局域网 说明：	相关情况详细说明	
前置服务器	□有　　　□没有 说明：	相关情况详细说明	
前置数据库	□有　　　□没有 说明：	相关情况详细说明	
业务数据库类型		更新频率	
当前数据量		数据增量	
要求说明			

表 5－3　可共享数据调研表

填写单位：			填写时间：	
信息分类	信息项	来源系统	数据库类型	核准单位

表 5-4 申请交换数据意见书

申请单位			
主管部门意见	□申请通过	□申请未通过	□其他
	未通过原因		
审核人意见	签字 _____ 时间 _____		

表 5-5 交换数据表结构

服务器名			数据库名			
详细表结构						
表名			中文简称			
主键			主键字段			
描述						
更新频率						
序号	字段名称	字段中文名	类型	长度	是否允许为空	备注
1						
2						
3						
4						
5						
6						
7						
8						
9						
10						
……	……	……	……	……	……	……

表 5-6 交换文件表结构

服务器名			数据库名	
详细表结构				
序号	文件名称	文件说明		备注
1				
2				
3				
4				

数据交换共享管理过程中,各级管理角色负责不同的内容,具体的角色对应职责如表5-7所示。

表 5-7 角色职责说明

角色名称	角色职责
申请单位数据提供者	负责本部门用于提供的信息资源的组织与管理,并负责信息更新; 负责与使用者、管理者协商,并确定信息的提供内容、提供模式、更新周期; 负责所提供内容的可共享性和可用性
数据中心管理者	负责数据中心中前置机、综合库、共享库的管理维护; 负责对信息交换流程进行规划、配置及部署; 负责对信息交换流程实施日常管理及监控维护; 负责对数据中心数据发布内容管理维护
中心数据使用者	根据需要提出数据中心数据资源需求; 与提供者、管理者协商并确定数据内容

6 云南省互联网端数据资源体系建设技术要求

本数据资源管理要求是在云南省自然资源厅建设的《云南省地质环境核心业务数据结构规范》《云南省地质环境数据采集、存储、处理、汇交规范》《云南省地质环境数据交换规范》《云南省地质环境数据中心运行管理制度》《云南省地质环境综合库规范》基础上，结合云南省地质环境信息化建设互联网端实际应用需求进行调整产生。

互联网端数据资源体系建设技术要求的制定是为了规范和指导云南省地质灾害隐患识别中心建设"互联网端数据资源体系建设"，适用于开展"互联网端数据资源"数据建库、资源目录梳理、数据治理等工作内容。

6.1 总则

6.1.1 目的任务

（1）规范云南省地质灾害数据资源加载到云南省地质灾害隐患识别中心互联网端数据的管理流程要求，规范和指导"互联网端数据资源体系建设"。

（2）制定云南省地质灾害隐患识别中心互联网端数据资源采集与质量检查的规则要求，为互联网端数据治理工作提供依据。

（3）建立云南省地质灾害隐患识别中心互联网端数据资源库、资源目录。

6.1.2 基本原则

（1）充分利用跟参考云南省自然资源厅已有的相关技术规范与技术要求，避免重复建设。

（2）规范的数据接入范围要涵盖 2013 年以来的地质灾害隐患识别成果、光学遥感解译成果、无人机航摄成果、地面传感网数据、实时监测预警数据、地质灾害样本、地质灾害特征规则、地质灾害分析模型、地质灾害本底数据等地质灾害管理、预警和识别多种数据。

（3）规范要求要严格遵守国家和行业的安全保密法律法规，充分认识到执行保密规定不能随心所欲，只要违反保密规定，在客观上就存在泄密的风险，只要客观上存在泄密的风险，那么造成泄密就是迟早发生的事。

6.1.3 总体要求

（1）应充分收集利用相关的国家、行业标准，以及云南省地质环境数据建库、采集规范与信息系统开发技术要求，分析总结云南省地质灾害环境数据资源特点与管理应用需求，在此基础上开展工作。

（2）云南省地质灾害隐患识别中心互联网端接入的数据必须是通过敏感数据审查程序的信息数据。

（3）云南省地质灾害隐患识别中心互联网端数据库的内容包括标准库、主题库、专题库以及数据运行维护需要的知识库和元数据库。

（4）依照"统一规划、统一设计、统一网络、统一软件、统一标准、统一建设"的指导思想，进行"互联网端数据资源体系建设"。

6.2 总体框架

云南省地质灾害互联网端数据资源管理要求总体框架包括敏感数据审核、数据接入、数据处理、数据管控、数据资源池、数据服务、数据维护等9个方面的管理要求，如图6-1所示。

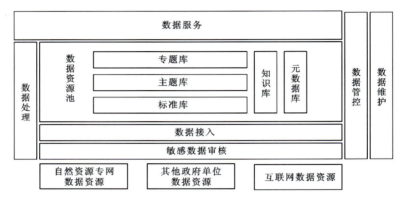

图6-1 数据资源管理总体框架

依照"统一规划、统一设计、统一网络、统一软件、统一标准、统一建设"的指导思想，互联网端数据资源体系建设应统一信息资源规划，将地质灾害管理、监测预警、隐患识别多种数据进行敏感数据审核后，将可公开、可共享的数据通过数据接入模块接入数据资源池。通过数据处理模块进行数据清洗，将数据资源规范化转换后，通过标签化、主题化提升数据应用价值密度，形成标准库、主题库和专题库。

通过数据管控对数据资源进行质量控制与监督，包括数据标准管理、元数据管理、资源目录管理等以及对数据资源进行质量评价及数据质量管理。通过数据服务为需要的业务应用提供各类满足需求的数据，包括检索服务、订阅服务、统计分析服务、推送服务和资源目录查询服务。最后，通过数据维护对整个数据资源的管理过程情况进行管理与处置。

6.3 工作流程

云南省地质灾害互联网端数据资源管理要求的数据资源管理工作流程包括数据的探查、提取、规范、清洗、标签化、关联、数据集成（图6-2），主要分为如下几部分。

6 云南省互联网端数据资源体系建设技术要求

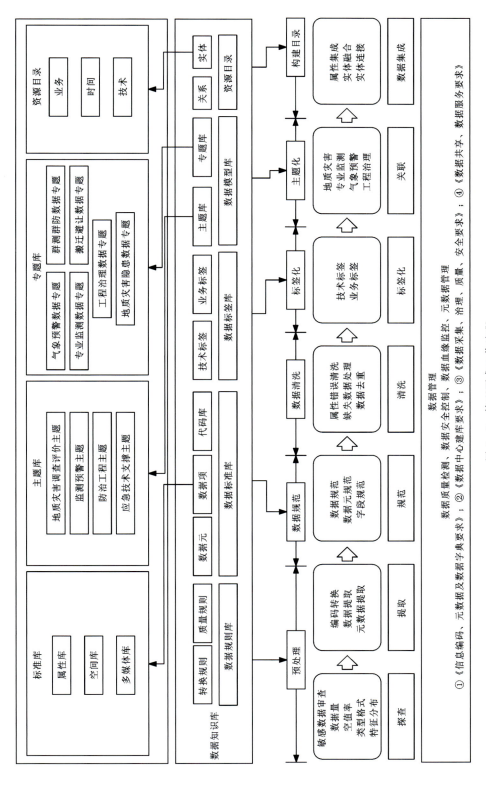

图6-2 管理要求工作流程

敏感数据审查：依据敏感数据审查要求的判断依据，对将要加载到互联网端的数据进行定密定敏核查，并遵照核查结果去除数据资源中的敏感数据。

数据探查：通过对数据量、数据质量、数据特征等指标的分析来评估后续数据治理任务的工作量。

数据提取：抽取分布在各个系统中的各种类型的源数据，提取元数据，基于深度学习处理技术，实现对非结构化的数据提取。

数据清洗：对缺失数据的处理，过滤掉重复相似的记录，清除错误的数据。

数据转换：将不符合规范的数据，按照规范化的处理规则，转化成符合标准的数据，如编码统一、格式统一、元数据统一等。

数据集成：将转化后的规范化数据进行整合，按照一定方式重新组织，如数据属性的融合、关系融合、数据的主题化、标签化等。

数据管理：对集成后的数据统一维护与管理，包括对数据质量检测、数据安全控制、数据血缘监控、元数据管理等。

数据质量检测：从各个维度（唯一性、准确性、完整性、合法性等）检测，并形成数据质量报告。

数据安全控制：对数据的使用与访问，进行权限的管理与控制。

数据血缘监控：追踪数据的来源与去向的整个过程。

元数据管理：数据知识库的建立与维护，包括对代码库、标准库、标签库、模型库、图谱库等的管理。

6.4 数据接入要求

数据接入要求主要包括数据读取和数据对账。其中数据读取包括读取方式管理、工具模块适配、断点续传和规则管理。

6.4.1 数据读取

数据读取主要功能是从源系统抽取数据或读取源系统推送的数据并完成数据接入工作。对各种异构数据进行必要的解压操作。生成作用于数据全生命周期的记录ID。

应按照标准化模块管理的方式，建立可适配的多源异构数据资源接入模式。

数据读取的功能包括以下几方面。

6.4.1.1 数据接入管理

按照标准化模块方式建立可适配的多源异构接入模式。支持以插件方式对接入能力进行扩展；实现对接入任务的高度与控制，及其运行状态的监控；输出接入日志，用于接入环节的对账，以及接入效果评估。

（1）适配管理：支持对各种数据存储方式的接入适配，支持网络和分布式文件系统、关系型数据库、非关系型数据库、文件共享服务器、数据访问接口、消息总线、安全边界接入等多种采集方式。支持接入通过音视频监控器、物联网传感器、二维码采集器等感知技术采集的各类动态信息。支持接入各种结构化数据以及常见格式半结构化和非结构化数据。支持实时、离线和全量、增量等多种接入模式。

（2）任务管理：支持多种数据接入任务的编排和调度；支持数据接入运行状态的监控。

（3）多通道管理：建立跨网络、跨安全域、跨平台的数据安全接入通道，为自然资源各内部机关单位、其他政府部门、社会单位、互联网的数据抽取汇聚提供接口通道；指定数据读取位置和方式，支持被动接收和主动拉取两种数据获取方式。

6.4.1.2 断点续传

当源端或者目的端数据库重启或网络故障等原因导致的数据接入过程中断时，通过对故障的恢复以后，接入任务应根据上次中断位置进行继续传输，保证数据不丢失。

6.4.2 数据对账

数据对账是针对数据接入环节，对数据提供方和数据接入方在某一对账时间节点数据的完整性、一致性、正确性进行核对和校验的过程。如果在某一对账时间点，数据提供方和数据接入方对应的数据条数不一致，则记录对账异常，并在必要时进行告警。数据对账的功能包括以下方面。

（1）日志读取：读取数据接入日志。

（2）对账分析：根据接入日志，对接入数据在指定对账时间范围内进行统计，并与数据提供方提供的对账信息进行分析。支持数据同步检查和校验功能，并输出详细日志。

（3）对账异常处理：对账出现异常时，记录异常日志及出现异常的数据，并反馈告警信息。

（4）对账服务：提供对账分析接口服务、异常告警接口服务、日志及统计信息查询服务、异常数据查询服务等，供数据运维等系统调用。

6.4.3 数据读取要求

6.4.3.1 策略定义要求

不同的读取方式（例如数据库读取、文件读取、接口读取等），其读取策略的描述不同，因此本规范要求对数据读取策略的描述不作严格限制，但要求包含数据资源描述、数据源访问描述、数据读取策略描述、源数据备份策略描述等内容。

（1）数据资源描述：通过数据资源标识符，明确数据读取策略所对应的原始库数据资源。

（2）数据源访问描述：描述待读取源数据的访问方式。针对不同的读取方式，其描述信息项有所不同。例如数据库读取时，其描述信息项包括数据库类型、数据库服务器 IP 地址、数据库监听端口号、数据库实例名、数据库用户名、数据库用户密码、源数据物理表名称等；文件读取时，其描述信息项包括文件传输方式、文件服务器 IP 地址、传输协议端口号、文件访问路径、文件类型、文件访问用户名、文件访问用户密码等。

（3）数据读取策略描述：描述源数据的读取策略，主要包括读取方式（数据库读取、文件读取、接口读取、消息总线读取等)、读取频率(实时读取或非实时读取)、读取范围(全量读取或增量读取)、读取模式(主动拉取或被动接收)等。

(4)数据备份策略描述:描述数据读取过程中的源数据备份策略,主要包括是否需要备份、备份方式(数据库备份、文件备份等)、备份数据存放位置、备份数据存储时长等。

6.4.3.2 数据读取要求

应具备建立跨层级、跨网络、跨安全域、跨平台的数据安全接入通道能力,为各内部系统或其他政府系统,社会系统对接到互联网的数据资源提供数据接入通道。应确保数据在接入传输过程中的保密性和完整性,保障数据传输通道的可靠性。防止数据传输时,被第三方截获等风险所带来的数据泄密和篡改风险,避免数据传输过程中的身份抵赖。

应明确相关类型、不同级别数据的传输安全管理要求,利用加密、签名、鉴别、认证等机制对传输中的数据进行安全授权、安全防护。应监控数据传输时的安全策略执行情况,必要时对数据的整体交换流程进行审计、审批、授权、备案等管理,防止传输过程中可能引发的敏感数据泄漏、数据破坏等。

6.4.3.3 读取方式要求

从多源异构数据的源系统读取数据或将源系统使用各类手段推送过来的数据进行读取。应具备读取多种方式存储或推送源数据内容的能力。

应具备本地文件读取和远程文件读取能力、分辨源文件是否写入完成的能力和断点续传能力。

应具备从关系型数据库读取数据的能力,包含但不限于 Oracle、MySQL 等主流关系型数据库。应具备 MPP 数据库的数据归集能力。

应具备非关系型数据库读取数据的能力,包含但不限于 MongoDB、Hbase、Hive 等主流非关系型数据库。

应具备国产数据库的对接能力,包括但不限于达梦数据、南大通用、人大金仓等。

6.4.3.4 规则管理要求

应建立完善的数据接入标准化模块管理体系,包含任务配置、任务调度、状态监控、日志规则管理等。

应支持数据读取策略的自定义配置,包括数据选取哪个标准化模块组件来读取、标准化读取模块的配置参数(数据位置、账号密码、全量增量读取方式等)等。

应支持按照数据资源池的资源情况进行任务调度。按照任务配置执行任务、支持任务失败重做、实时监控任务状态并对异常状态进行处置等。

6.4.3.5 断点续传要求

在数据接入的抽取过程中,任务运行时应支持断点续传。

当源端或者目的端数据库重启或网络故障等原因导致的数据接入过程中断时,通过对故障的恢复以后,接入任务应根据上次中断的位置进行继续传输,保证数据不丢失。断点续传功能应能支持数据库表、消息队列、文件方式的数据接入。

6.4.4 数据对账要求

数据对账是针对数据接入环节,对数据提供方和数据接入方在某一对账时间节点数据的完整性、一致性、正确性进行核对和校验的过程。如果在某一对账时间点,数据提供方和数据接入方对应的数据条数不一致,则记录对账异常,并在必要时进行告警。

6.4.4.1 对账方法

主要提供 3 种对账方法(包括但不限于这 3 种):即时对账方法、定时对账方法、盘点对账方法。

即时对账:数据接入方在数据入库后,可以立即按对账单验证数据完成对账。

定时对账:数据接入方在数据入库后,可以依据提前制订好的对账策略(定时策略、间隔策略)和对账单,完成数据对账。

盘点对账:数据接入方依据数据入库的内容和一定条件,生成数据接入方盘点对账单,并结合数据接入方读取指定的数据包(库)时生成的数据提供方对账单,完成外部数据包盘点对账。

对账单要求:据对账结果清单具体内容包括(但不限于)对账资源名称、对账单编号、异常次数、异常日志、重发次数、重发日志、销账次数、销账日志详情信息。

6.4.4.2 对账单使用要求

结果统计:主要是依据对账类型、账单状态、对账发送时间、对账接入时间等维度,统计数据对账单的个数及对账结果情况。

对账单存储与交换:支持但不限于库、文件等形式存储对账单。支持对账单的数据交换格式包括但不限于 XML、JSON 等序列化技术。

对账性能:在基础设施资源满足的前提下,每条对账单对账延迟应控制在 1ms 以内。

6.5 数据处理要求

数据处理技术主要包括数据探查、数据定义、数据提取、数据清洗、数据关联、数据标识、数据比对等,为数据服务提供支撑。

6.5.1 数据探查

数据探查是指通过规则对数据进行探测,从数据业务含义、字段格式语义、数据结构、数据质量等多个维度进行分析,以达到认识数据的目的,为数据定义提供依据。

(1)业务探查:对原始表的业务含义进行探查,更准确地理解和把握数据。

(2)字段探查:对具体字段的数据内容进行探查,识别其代表的含义和统计分布情况。主要包括以下 4 个方面。

空值率探查:统计字段空值占比情况,一方面可重点关注空值率高的重要字段,另一方面可通过与历史情况比较及时发现数据质量的动态变化。

值域及分布探查：对字段的值域范围以及分布情况进行探查。

类型及格式探查：对字段数据类型和数据格式进行探查，形成的探查结果为数据定义提供输入。

命名实体探查：通过探查识别字段内容中身份证号、统一社会信用代码、MAC、手机号码、电话号码、邮政编码、邮箱、IPV4、IPV6、经度、纬度、主体身份代码、码表、日期时间、组织机构代码等命名实体，可为数据处理中数据清洗环节提供数据处理依据。

(3)数据集探查：对数据集的数据规模进行调查，获取探查数据的数据总量、数据记录数等情况。

(4)问题数据探查：探查字段中不符合规范的数据，给后续数据清洗规则的制订提供依据。

6.5.1.1　业务探查

业务探查的目的是获取数据来源单位、所属应用系统、业务含义描述、安全性要求、主外键名称、表关联关系等内容。

6.5.1.2　字段探查

(1)空值率探查：指对每个字段内容是否为空进行探查，字段空值率的初期计算方法为：(物理表行字段空值记录总数/物理表行总数)×100%。支持探查字段的动态配置。

通过字段空值率探查，实现对数据质量的初步评估：一方面可对空值率较高字段进行重点关注，反馈给数据提供方进行数据排查，追踪上游数据情况；另一方面可与字段历史空值率进行比对，及时发现数据质量的动态变化。

到数据治理后期，可将要求非空的字段单独拿出来进行计算，通过空值率变化来判断数据质量。

(2)值域及分布探查：值域探查包括字典值探查和取值范围探查。

字典值探查：通过探查掌握数据项的字典表信息。

取值范围探查：根据字段内容进行取值范围探查，确定最大值、最小值。

(3)类型及格式探查：对字段数据类型和数据格式进行探查，形成的探查结果为数据定义提供输入。

数据类型探查：主要是探查字段内容存储所采用的数据类型。

数据格式探查：主要是探查字段内容的格式和数据长度。

(4)命名实体探查。通过探查识别字段内容中身份证号、统一社会信用代码、MAC、手机号码、电话号码、邮政编码、邮箱、IPV4、IPV6、经度、纬度、主体身份代码、码表、日期时间、组织机构代码等命名实体，可为数据处理中数据清洗环节提供数据处理依据。

6.5.1.3　问题数据探查

探查字段中不合理的信息，为后续数据清洗规则的制订提供依据。探查问题分类一般包括代码字典表问题、数据类型问题、数据值逻辑问题、数据格式问题、必填项为空等。对每次探查结果记录并形成报告，问题数据产生主要有以下3方面的原因。

(1)操作方面：因业务人员疏忽在数据录入阶段产生的问题数据。

（2）技术方面：因技术问题导致在数据传输过程中发生异常产生的问题数据。

（3）理解方面：因对数据表业务理解或生成逻辑理解不清，导致在数据处理过程中产生的问题数据。

6.5.2　数据定义

数据定义是数据处理和数据管控在业务层面的数据识别和定义，包括数据格式定义、资源目录注册、数据提取策略定义、数据类目定义、数据清洗策略定义、数据关联策略定义、数据比对策略定义、数据标识策略定义、数据质量核验规则定义等。

数据定义的功能包括以下几方面。

（1）数据格式定义：根据数据探查中业务探查和字段探查的结果，建立源数据中原始字段项与标准数据元的映射关系，以及原始字典代码集与规范化字典代码集的映射关系。

（2）资源目录注册：根据数据格式定义的结果，将数据资源注册到数据资源目录中。

（3）数据提取策略定义：指从来源数据提取所需数据策略的定义。

（4）数据类目定义：对于接入到资源池的数据要定义数据类目来组织接入的数据，接入的数据类目要遵循一定的规范，如按数据来源部门进行类目定义、按数据结构方式进行类目定义、按数据所属业务域进行类目定义等。

（5）数据清洗策略定义：根据数据格式定义要求及业务需求，定义数据的清洗策略，以生成满足标准及质量要求的数据。

（6）数据关联策略定义：按照业务需求，定义数据的关联策略，为后续数据处理提供策略支撑。

（7）数据比对策略定义：按照业务需求，定义数据的比对策略，即明确比对源与比对目标之间的比对条件。

（8）数据标识策略定义：按照业务需求，定义数据的标识策略，明确数据标识时所使用的规则。

（9）数据质量核验规则定义：指定义数据资源的质量核验规则。

6.5.3　数据提取

数据提取是根据数据定义的结果，从源数据中提取出目的数据。

根据数据种类不同，数据提取可分为结构化数据提取和非结构化数据提取。

（1）结构化数据提取：源数据和目的数据的格式均为结构化数据。主要是根据数据组织或业务需要，按照数据定义中的数据映射关系、运算规则等数据提取策略，对数据进行格式映射、转换及整合，获得目的数据。

（2）非结构化数据提取：非结构化数据包括办公文档、网页、文本、图像、音频和视频等。这些数据需要进行结构化提取才便于进一步地计算和使用。

6.5.3.1　文体数据提取

要素提取：从文本中提取出各类通用要素或者业务要素信息，如公民身份证号、手机号、统一社会信用代码等。

关键词和摘要提取：从文本中提取关键词和关键段落构成摘要内容，方便用户快速预览文本内容。

关系提取：从文本中提取出要素之间的关系。比如人与企业之间的就业关系。

6.5.3.2 结构化数据提取

结构化提取的来源和目的数据格式均为结构化，主要是根据数据组织或业务需求进行数据的转换及整合，获得按照目的数据形式组织的数据。结构化提取首先获得结构化提取策略或规则并进行解析，得到从来源数据集/字段到目的数据集/字段的映射关系、运算规则等，然后按照规则实施结构化提取。

6.5.4 数据清洗

数据清洗是指根据数据定义结果进行数据过滤、去重、格转、校验等操作，生成满足质量要求的数据。数据清洗的功能包括以下几方面。

(1) 过滤：通过对信息进行辨别和分离，实现冗余及垃圾信息的滤除，主要包括基于规则的垃圾数据过滤和基于样本数据的垃圾数据过滤。被识别为冗余或垃圾信息的数据标识后，交由后端模块进一步处理。

(2) 去重：在各类场景下设定相应的数据重复判别规则以及合并策略，对数据进行重复性辨别，并对重复数据进行合并处理。

(3) 格转：根据数据元标准把非标准数据转换成统一的标准格式进行输出，将不同来源的同类数据按照统一规则进行转换。

(4) 校验：根据数据质量检核规则对数据进行检验，符合标准的数据直接入库，不符合标准的数据可进入问题数据库以便进一步分析处理。校验主要包括数据的完整性校验、规范性校验、一致性校验等。常用的校验规则有空值校验、取值范围校验、公民身份号码等校验、数值校验、长度校验、精度校验等。此外，还有更为复杂的业务规则校验等。

6.5.5 数据关联

数据关联是根据数据和数据间的关系进行逻辑上的关联。

数据关联的主要功能包括关联回填和关联提取。

(1) 关联回填：通常是将不完整的日志数据与其他知识数据、业务数据进行关联，并将关联的信息回填到日志数据，提升数据的关联及价值。

(2) 关联提取：根据主题数据定义，对各类数据资源中的业务要素和关联关系进行提取。

6.5.6 数据标识

数据标识基于知识库，利用数据处理引擎对数据进行比对分析、模型计算，并对其打上标识，为上层应用提供支撑。数据标识的功能包括以下方面。

(1) 规则解析：解析规则，获取相应的参数信息。

(2) 规则路由：根据规则指定执行平台，根据打标类型、数据分布、系统可用资源等智能选择合适的执行平台。

(3)规则编译:编译生成执行平台能够识别的打标任务。
(4)规则执行:使用对应的执行平台执行打标任务,包括任务调度、状态反馈等。

6.5.7 数据比对

6.5.7.1 数据比对定义

数据比对是指在数据处理过程中,按照规则对数据进行相同比较或相似度计算,对于命中规则的数据支持按照输出描述进行输出。

数据比对功能主要包括结构化数据比对和非结构化数据比对。

(1)结构化数据比对:通过将比对目标与比对源指定字段的取值进行比对,实时发现比中信息。

(2)非结构化数据比对:通过将比对目标与非结构化数据比对,在非结构化数据中实时发现比对目标相关信息。

6.5.7.2 比对工具

(1)完全匹配:检索比对目标内容与比对源字段内容完全相同。
(2)模糊匹配:比对目标内容在比对源字段内容中出现,则匹配成功。
(3)范围匹配:比对目标内容与比对源指定的字段进行对比,指定的字段内容在比对目标内容区间,则匹配成功,比如某个坐标系范围内的比对。
(4)正则匹配:比对目标内容为正则表达式,比对源指定的字段内容符合比对目标内容设定的规则,则匹配成功。
(5)关键词比对:用户可设定关键词规则,对接收到的非结构化数据进行内容比对。
(6)文本相似度比对:对比对目标文本进行特征抽取,与比对源中的文本数据进行文本特征比对,返回相似度数值结果、对应文本信息。
(7)二进制比对:对二进制比对目标文件进行 MD5 值计算,与非结构化数据的 MD5 值进行比对,返回相似度数值结果、对应非结构化数据。

6.6 数据管控

数据管控是对数据资源生命周期的规划设计、过程控制和质量监督,通过规范化的数据管控,可实现数据资源的透明、可管、可控,从而厘清数据资产、完善数据标准落地、规范数据处理流程、提升数据质量、保障数据安全使用、促进数据流通与价值提炼。

数据管控主要包括数据分级分类、数据质量管理、数据资源目录等。

6.6.1 数据分级分类

数据分级分类是通过描述数据的多维度特征和内容敏感程度,为定制数据资源的开放和共享策略提供支撑。根据数据内容的敏感程度对数据资源进行定级,按照数据级别控制数据资源的使用范围,从数据资源种类、数据项敏感度等多个维度对数据资源进行分类,按照数据类别控制数据资源的使用范围。数据分级分类管理的功能包括以下几方面。

(1)数据分级分类管理:支持敏感级别规则的管理,支持根据数据集或数据内容设定敏感级别;支持数据来源、业务领域、主题信息、数据内容、逻辑存储方式和数据格式的分类管理,支持可视化管理;支持向数据资源目录提供服务接口。

(2)数据授权管理:支持对分级分类的数据,按照用户、角色进行授权;支持按照业务流程中的角色或者业务办理事项进行授权。

(3)数据分级分类审核审批:支持数据分级分类的审核审批管理。

6.6.1.1 敏感数据内容

敏感数据内容为业务上敏感的数据。

6.6.1.2 数据分类使用原则

拥有某一级别数据访问权限的用户,可访问数据级别低于该级别(含)的数据记录,包含相应的附件信息。例如用户的数据访问级别是3(中等级),则该用户能访问敏感度为3、4、5三个级别的数据。用户在使用查询服务时,所有敏感度为1、2的数据记录都不能返回(假定分类数据越小,访问级别越高)。

6.6.2 数据质量管理

数据质量管理是指通过建立数据质量评估标准和管理规范,及时发现、定位、监测、跟踪、解决各类数据质量问题,形成数据质量问题的闭环处理,以保证数据质量的稳定可靠。数据质量管理的功能包括以下几方面。

(1)数据质量规则管理:支持数据质量规则的定义管理;基于行业特性,进行规则库的建设,包括技术类和业务类规则。技术类数据质量规则不涉及数据的业务含义,其基于实际的数据的取值情况,进行统计分析得到稽核结果;而业务类数据质量规则根据实际业务逻辑情况进行数据稽核。

(2)数据质量核验:对所关注的数据执行数据质量规则的检测任务,可根据质量需求,配置不同的检查规则,制订对应的数据质量检测任务。在数据接入、提取、清洗、转换、关联等阶段,对处理过程中的数据进行实时数据质量监控;针对存储中的数据,通过任务作业调度的方式,对数据进行数据质量评估。

(3)质量分析及报告:基于质量核验任务所产生的问题数据及统计数据,并结合质量规则权重、评估指标权重,采用加权平均算法,统计出数据资源的质量分;通过可视化的方式,展示数据资源的质量情况;输出质量报告。

(4)问题处理及跟踪:基于数据质量核验过程中记录的问题数据,实现问题数据的反馈,跟踪问题数据的处置情况,保证问题数据的闭环处理,并在此基础上逐步进行数据质量知识库的积累建设。

6.6.2.1 数据质量管理范围

数据质量管理是指运用相关技术来衡量和提高数据质量水平,数据质量管理范围包括:①定义数据质量目标、需求;②定义数据质量检测指标;③定义数据质量业务规则;④测试和验证数据质量需求;⑤持续检测和监控数据质量;⑥管理数据质量问题,分析数据质量问题产生原因,制定数据质量改善方案。

通过开展数据质量管理工作,可以获得高价值密度的数据,是对外提供数据服务、发挥大数据价值的必要前提,也是开展数据资产管理的重要目标。

6.6.2.2 数据质量指标

(1)完整性指标(W):主要用于描述数据信息是否存在缺失数据记录或缺失数据项。数据缺失的情况可能是整个数据记录缺失,也可能是数据中某个数据项的缺失。

$$W = F_{被赋值}/F_{期望赋值} \times 100\%$$

式中:$F_{被赋值}$为被赋值的数据记录的个数;$F_{期望赋值}$为期望被赋值的数据记录的个数。

(2)规范性指标:主要用于评估数据内容与数据标准的符合度情况,包含格式合规性和值域有效性两项。

数据格式合规性:数据格式(包括数据类型、数据长度、数据精度、命名实体格式等)是否满足预期要求,如身份证号是否满足18位(最后1位为校验码)、手机号码是否满足11位等。

数据值域(G)有效性:字典字段、编码字段、数值字段等的值是否在规定的范围内,如性别字段(1:男,2:女)。

$$G = M_{已满足}/M_{期望满足} \times 100\%$$

式中:$M_{已满足}$为满足格式(值域)要求的数据项的个数;$M_{期望满足}$为期望满足格式(值域)要求的数据项的个数。

(3)准确性指标:主要用于描述数据是否与其对应的客观实体的特征相一致。任何字段的数据都应该符合特定的数据格式与值。准确性用于度量哪些数据和信息是不正确的,或者数据是没有可用含义的,如果准确性指标无法满足,那么数据质量提供的数据就缺乏实际的业务使用价值。比如人的年龄不应该是负数,概率数字应该在 0 和 1 之间取值。

数据内容正确性:数据内容是否是预期数据,如结束日期不能小于开始日期、年龄不能小于 0、人员信息中出生日期应和身份证保持一致等。

业务合理性(Z):从业务角度评估数据是否合理,如:婚姻登记数据中,不应该存在一夫多妻或者一妻多夫;企业的许可证照不应该存在同一个证照对应不同的证照内容。

$$Z = M_{已满足}/M_{期望满足} \times 100\%$$

式中:$M_{已满足}$为满足数据正确(业务合理)性要求的数据(项)的个数;$M_{期望满足}$为期望满足数据正确(业务合理)性要求的数据(项)的个数。

(4)唯一性指标(w):主要用于度量与评估数据资产内容或相关属性的重复情况。现实世界中的同一个主体,在不同的数据源中常常有多个表达,在语法上相同或相似的不同记录可能会代表现实世界中的同一主体,因而会对同一主体造成重复性记录。唯一性包括但不限于以下内容。

主键唯一性:数据的主键属性值应该确保唯一,不允许重复。

数据唯一性:数据的全部或部分属性值应该确保唯一,不允许重复。

$$w = M_{已满足}/M_{期望满足} \times 100\%$$

式中：$M_{已满足}$为满足主键（数据）唯一性要求的数据的个数；$M_{期望满足}$为期望满足主键（数据）唯一性要求的数据的个数。

（5）一致性指标（Y）：用于度量数据的值在信息含义和内容上是否符合逻辑。一致性分为相同数据一致性和关联数据一致性。

相同数据一致性：同一数据在不同位置或在不同应用使用时，数据的一致性，而数据发生变化时，存储在不同位置的同一数据被同步修改，如隐患点类型在不同的表中应该保证一致。

关联数据一致性：主表和子表的关联主键的一致性，如主表的外键必须在子表的主键中存在。

$$Y = M_{已满足} / M_{期望满足} \times 100\%$$

式中：$M_{已满足}$为满足关联数据（相同数据）一致性要求的数据的个数；$M_{期望满足}$为期望满足关联数据（相同数据）一致性要求的数据的个数。

（6）时效性指标（S）：主要用于描述数据的更新周期、更新时间等时间特性对数据应用的满足程度。不同类型的数据应用对数据的时间特性有不同的要求。实时性应用中的数据需求对时效性要求较短，而预测性应用则允许数据有较长的更新周期。时效性包括但不限于以下内容。

接入时效性：数据接入与数据产生的时间差应该在合理的时间范围内。

更新时效性：数据内容更新与数据内容变动的时间差应该在合理的时间范围内。

$$S = M_{已满足} / M_{期望满足} \times 100\%$$

式中：$M_{已满足}$为满足接入（更新）时效性要求的数据的个数；$M_{期望满足}$为期望满足接入（更新）时效性要求的数据的个数。

6.6.2.3　数据质量规则定义

数据质量规则是对监控对象数据进行质量核验的规则，根据规则对数据进行核验，得到数据的质量基础信息。

数据质量规则包括技术类数据质量规则和业务类数据质量规则。技术类数据质量规则不涉及数据的业务含义，其基于实际数据的取值情况，进行统计分析得到核验结果；而业务类数据质量规则根据实际业务逻辑进行数据核验。数据质量规则定义功能要求如下。

（1）规则管理：内置常用的数据质量规则，包含但不限于日期、身份证、统一社会信用代码等核验规则，支持自定义质量规则。

（2）规则库建设：基于行业特性，进行规则库的建设，包括技术类规则及业务类规则。

6.6.2.4　数据质量核验

能够对所关注的数据执行数据质量规则的检测任务，可根据质量需求，配置不同的质量规则，制订对应的数据质量核验任务。

针对数据治理的不同阶段，进行数据质量核验。

（1）在数据接入、数据处理、数据交换阶段，对处理过程中的数据进行实时数据质量监控。

（2）针对存储中的数据，通过任务调度的方式，对数据进行数据质量评估。

6.6.3 数据资源目录

数据资源目录是指按照统一的地质灾害管理数据资源目录标准规范,对地质灾害管理数据资源进行统一管理,实现数据资源科学、有序、安全使用。数据资源目录主要包括数据元管理、资源分类与编目、目录注册与注销、目录更新、目录同步、目录服务和可视化展现。

6.6.3.1 数据目录功能

数据资源目录管理的功能包括以下几方面。

(1)数据元管理:对地质灾害管理数据资源涉及的数据元及数据字典进行更新、查询等操作,支持查询服务接口。

(2)资源分类与编目:按照地质灾害管理数据资源目录标准规范,对数据资源池中存储的数据资源进行梳理,并赋予唯一的目录标识符和编码。

(3)目录注册与注销:由资源所属单位在本级数据资源池的数据资源目录管理模块中填写数据资源信息,审核、审批通过后完成资源注册。当数据资源暂时失效时,停用相关数据资源目录;当数据资源恢复使用时,重新启用相关数据资源目录;当数据资源彻底失效时,注销相关数据资源目录。

(4)资源目录更新:当数据资源发生变化时,对资源目录进行更新。

(5)资源目录同步:本地数据资源目录发生变化时,下级目录需向上级目录进行汇聚,上级目录需向下级目录分发。

(6)资源目录服务:支持用户按照权限查看数据资源目录,支持根据数据资源目录相关属性和数据项进行数据资源的查询。

(7)标准落地检查:建立并维护标准项与元数据之间的落地映射关系,支持通过查询的方式检查标准落地情况。

6.6.3.2 数据资源目录体系

云南省地质灾害互联网端数据资源目录体系框架如图 6-3 所示。

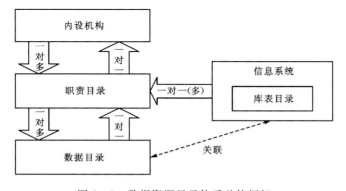

图 6-3 数据资源目录体系总体框架

职责目录:各部门机构依据各自的主要职责,依法采集、依法授权管理和履职产生的数据资源的描述,包括业务处室职责、业务处室职责、数据资源、核心数据项、数据资源对应的信息系统。

数据目录:提供对应职责目录的数据资源和数据项的具体描述,包括数据资源名称、数据资源摘要、数据起始日期、数据更新周期、数据格式、字段名称、数据类型及长度、是否主键、是否非空、数据量等。

库表目录:各部门建设系统中存储数据的库表描述,是数据目录的具体实现。

6.6.3.3 职责目录编制

职责目录包括5个字段:业务处室名称、业务处室职责、数据资源、核心数据项及数据资源对应的信息系统。

(1)业务处室名称。

定义:业务处室的全称。

数据类型:字符型。

注释:必填项。

要求:业务处室名称应以市委编办批复的机构设置为基准。

示例:云南省地质环境监测院。

(2)业务处室职责。

定义:规定明确的主要职责。

数据类型:字符型。

注释:必填项。

要求:按照编办批复的机构职责,应涵盖每个业务处室的职责的全部内容,应以分号为界对职责内容进行拆分,逐句梳理填写。

示例:负责全省地质环境和地质灾害调查评价与监测预警;建立全省地质灾害监测预警系统;开展地下水调查与监测、缺水地区地下水勘查;开展农业地质、城市地质、矿山环境地质、地质遗迹(地质公园)调查工作。

(3)数据资源。

定义:规定明确的主要职责,依法采集、依法授权管理和履职产生的文件、材料、图表和数据等各类数据资源。

数据类型:字符型。

注释:必填项。

要求:规定明确的主要职责没有对应数据资源的,应填写"无";数据资源的名称应准确描述数据资源,不能用笼统的或过于具体的名称;不同的数据资源应单独描述,不能多条数据资源并为一条。

示例:隐患点基础信息。

(4)核心数据项。

定义:数据资源的关键属性信息。

数据类型:字符型。

注释:必填项。

要求:数据资源为"无"的,核心数据项对应填"无",核心数据项应包含数据资源的关键属性,其中,与时间有关的数据资源核心数据项中应包含时间信息,与空间有关的数据资源核心数据项中应包含地理位置信息、CGCS 坐标等。

示例:地质灾害隐患点名称、隐患点编号、隐患点类型、隐患点地理位置等。

(5)数据资源对应的信息系统。

定义:采集、存储、管理、使用该数据资源的信息系统名称。

数据类型:字符型。

注释:必填项。

要求:数据资源没有对应信息系统的,应填"无",信息系统名称应以立项批复为准,填写信息系统全称;根据业务处室的履职需要,相关事业单位的信息系统也应一并纳入。

示例:地质灾害综合管理系统。

6.6.3.4 数据目录编制

明确数据资源和数据项的具体描述,数据目录包括以下 18 个字段:数据资源名称、数据资源摘要、数据起始日期、数据更新周期、数据格式、字段名称、数据类型及长度、是否主键、是否非空、字段描述、取值范围、数据样例、共享类型、共享条件、不予共享的依据、开放属性、数据量、备注。

(1)数据资源名称。

定义:数据资源的全称。

数据类型:字符型。

注释:必填项。

要求:如职责目录中没有,应先对职责目录进行更新完善。

(2)数据资源摘要。

定义:数据资源的摘要。

数据类型:字符型。

注释:必填项。

要求:对数据资源内容进行概要说明的描述。

(3)数据起始日期。

定义:数据起始日期。

数据类型:字符型。

注释:必填项。

要求:该数据资源首条记录的日期,推荐参照《数据元和交换格式 信息交换 日期和时间表示法》(GB/T 7408—2005),以"YYYY－MM"方式填写。

示例:2020－01。

(4)数据更新周期。

定义:数据资源更新的周期。

数据类型:字符型。

注释:必填项。

要求：若数据资源以固定周期进行更新，则填写具体的数据更新周期，如1s、1min、1h、1d、1月、1季度、1年等。

（5）数据格式

定义：数据的具体存储格式（可多选）。

数据类型：字符型。

注释：必填项。

要求：①数据库类存储格式，如 DM、KingbaseES、access、dbf、dbase、sysbase、oracle、sqlserver、db2 等；②电子文件的存储格式，如 OFD、wps、xml、txt、doc、docx、html、pdf、ppt 等；③电子表格的存储格式，如 et、xls、xlsx 等；④图形图像类的存储格式，如 jpg、gif、bmp 等；⑤流媒体类的存储格式，如 swf、rm、mpg 等；⑥自描述格式，由提供方提出其特殊行业领域的通用格式。

（6）字段名称。

定义：描述数据资源中的各数据项（字段）标题。

数据类型：字符型。

注释：必填项。

要求：采用中文表示。

（7）数据类型及长度。

定义：标明该数据项的数据类型。

数据类型：字符型。

注释：必填项。

要求：属于文本类信息的，应标明所采用的字符集和编码方式，推荐使用《信息技术 通用多八位编码字符集（UCS）》（GB 13000—2010）及其后续版本字符集和 UTF-8 或 UTF-16 方式编码；属于结构化数据的，应标明数据类型及位数，包括字符型 C、数值型 N、货币型 Y、日期型 D、日期时间型 T、逻辑型 L、备注型 M、通用型 G、双精度型 B、整形 I 和浮点型 F。

（8）是否主键。

定义：数据项（字段）是否是主键。

数据类型：选项型。

注释：必填项。

要求：勾选"是"或"否"。

（9）是否非空。

定义：数据项（字段）是否可为空。

数据类型：选项型。

注释：必填项。

要求：勾选"是"或"否"。

（10）字段描述。

定义：对数据项（字段）的定义。

数据类型：字符型。

注释:非必填项。

要求:对数据项(字段)的定义或应用方式进行概要描述。

示例:如"户主姓名"数据描述为"避险明白卡发放到户的户主姓名"。

(11)取值范围。

定义:数据项(字段)取值范围。

数据类型:字符型。

注释:非必填项。

要求:列明数据项(字段)的符合业务逻辑的标准取值范围。

示例:如"性别"取值范围为"男/女"。

(12)数据样例。

定义:数据项(字段)数据样例。

数据类型:字符型。

注释:非必填项。

要求:对数据项(字段)提供参考样例。

示例:如"滑坡"的灾害类型为"01"。

(13)共享类型。

定义:数据项(字段)的共享类型。

数据类型:选项型。

注释:必填项。

要求:填写数据项(字段)的共享类型。勾选"无条件共享""有条件共享"或"不予共享"。

(14)共享条件。

定义:数据项(字段)的共享范围和约束条件。

数据类型:字符型。

注释:非必填项。

要求:"共享类型"为"无条件共享"的,填写"无";"共享类型"为"有条件共享"的,应详细列明可共享的范围(三级部门和区县);"共享类型"为"不予共享"的,本项无需填写。

(15)不予共享的依据。

定义:不予共享的依据。

数据类型:字符型。

注释:非必填项。

要求:"共享类型"为"不予共享"的,应详细列明不予共享的依据文件(法律法规或政策依据)。

(16)开放属性。

定义:数据项(字段)开放属性。

数据类型:选项型。

注释:必填项。

要求:填写数据项(字段)是否可向社会开放,勾选"开放"或"不予开放"。

(17)数据量。

定义:数据量。

数据类型:字符型。

注释:非必填项。

要求:数据资源所占用的存储空间。

示例:如"100KB""100MB""100GB"等。

(18)备注。

定义:备注说明。

数据类型:字符型。

注释:非必填项。

要求:需要说明的其他问题。

6.6.3.5　库表目录编制

库表目录编制指数据目录的具体实现,包括信息系统中具体存储数据的库表(或文件)的描述。

6.7　数据运维

数据运维管理是指通过采集数据接入、管控、处理和服务等各项任务的状态信息,对异常状态进行预警和处置,实现对各任务的实时监控和管理。数据运维管理的功能包括以下几个方面。

(1)运维规则配置管理:对数据运维的实时监测、日志采集、日志统计分析、报表展示、日志输出、告警阈值、告警规则、数据对账等相关规则进行配置管理。

(2)实时状态采集:支持对来源数据以及数据接入、提取、清洗、关联、比对、标识、入库等环节设置监控点,进行多维度信息的实时采集。

(3)运行状态监控:包括对来源数据的监控、数据接入及处理状态的监控、数据积压监控、数据入库异常监控、指定时间周期内数据的增量及存量监控等。

(4)数据运维报表:支持对系统的数据资源总体情况、分类情况、上报下发情况等多种维度进行统计分析;支持对数据对账分析、数据有值率分析;支持数据标准化分析,形成数据运维报表并实现可视化展示。

(5)告警管理:当出现实时流监控异常、运行状态异常、数据质量异常、数据备份异常等状况时,触发告警,告警结果可以通过消息、服务、邮件、短信等方式推送给运维系统或运维人员。

(6)运维日志审计:针对所有数据运维工作的操作日志进行全方位、全流程安全性审计。

6.7.1　运维技术要求

6.7.1.1　实时采集配置要求

支持数据在接入、提取、清洗、标识、发布等不同环节配置实时采集监测点,采集包括时间、模块、操作人、数据来源、数据种类、数据接入、数据处理、数据使用等不同维度的日志。并根据需要将日志以多种格式输出到指定位置，包括本地存储、日志服务器或其他存储位置。

6.7.1.2 运行状态监控配置要求

支持以时间、模块、操作人、数据来源、数据种类、数据接入、数据处理、数据使用等不同维度配置日志统计分析的内容。比如配置以耗时、接入数据量、入库数据量为维度统计接入原始数据库的数据状态，或配置以小时、天、周、月、年等时间维度统计服务调用速率输出同比日志等。

6.7.1.3 预警配置要求

数据接入流量、运行状态、数据质量、服务可用性等需要进行预警规则配置，同时支持对不同的预警规则配置预警阈值。

6.7.1.4 运维报表配置要求

需要按时间、导出格式、展现形式等不同维度配置报表展示内容和形式。如配置仅允许导出最近 6 个月以内的报表。

6.7.1.5 运维数据采集

来源数据在接入、提取、清洗、标识、发布等不同环节的需要设置监控点，进行多维度信息的实时采集。采集维度包括（但不限于）以下几方面。

接入采集：支持抽取数据条数、入库数据条数、接入耗时、数据最近更新时间等维度采集。

提取采集：支持半结构化数据和非结构化数据提取数据条数、时间耗时等维度采集。

清洗采集：支持数据探查字段空值统计、代码分布统计、文本最大长度统计、值域分布统计，支持数据去重、清洗、过滤、加工前后数据条数和时间耗时等维度采集。

标识采集：支持数据打标签成功数据条数、时间耗时等维度采集。

发布采集：数据服务调用次数、频率、应用调用服务次数、频率、时间耗时等维度采集。

6.7.2 运维状态监控

6.7.2.1 数据源监控

数据源监控包括数据源通道监控及来源数据监控查询。

数据源通道监控：固定时间周期数据源通道联通状态检测，在连续时间周期内联通状态检测失败，在认定数据源通道状态异常。

数据源监控查询：支持按数据源通道、状态、监测时间、最后更新时间等维度进行查询展示。

6.7.2.2 数据接入与处理监控

运行状态是否正常，支持固定时间周期检测数据接入及处理工作是否正常。

实时数据流量统计，支持按照最近时间段内的实时数据条数统计监控。比如按最近 1min、最近 10min 等时间段内的实时数据条数统计监控。

非实时数据流量统计,支持按照设定时间段内的非实时数据条数统计监控。比如按最近 1 天、最近 1 周等时间段对非实时数据接入条数进行统计监控。

6.7.2.3 数据积压监控

数据积压监控要求有如下几方面。

(1)数据接入积压,应对数据源存在本地还未接入到数据资源池的数据,以不同维度展示积压情况,如对应该执行但还未执行的数据接入任务或者转换进行记录。

(2)数据处理积压,可以为数据处理任务配置期望完成时间,结合实际完成时间判定积压情况。如对原始库到资源库环节应执行但还未执行的数据处理任务进行记录。

(3)数据负载表现,可通过配置规则来描述不同状态的负载程度。比如任务积压小于 5 个,则负载程度低,使用绿色表示;任务积压大于 5 个小于 20 个,则负载中等,可用橙色表示;任务积压大于 20 个,则负载程度高,可用红色表示。

6.7.2.4 数据趋势

数据趋势图,支持固定时间周期(如每天),对数据增量进行统计,并以趋势图的形式展现。

6.7.2.5 数据入库监控

支持按数据组织、数据来源、数据分类、时间等不同维度统计数据入库增量条数、数据总条数和存储大小情况。

6.7.2.6 数据服务接口监控

支持不同数据服务接口运行状态、服务访问量、服务接口调用耗时、服务调用失败统计等维度监控。

6.7.3 数据运维报表

6.7.3.1 数据资源报表

支持以天、周、月、年等不同的时间段要求,对数据组织的分类(原始库、资源库、主题库、专题库)、数据的来源、数据种类、数据属性、字段分类、接入使用等多维度的统计分析,形成资源总数报表。

支持资源存储介质的容量使用情况统计,形成通过定期采集存储介质的总容量,已使用容量等指标,以不同的时间维度分别展示资源使用情况。各报表统计结果支持导出成 csv、xls、doc 等常见格式。

6.7.3.2 数据有值率、值域报表

根据已经入库的数据情况进行分析,可按数据组织分类(原始库、资源库、主题库、专题库)、数据来源等维度记录数据有值率、值域分布,最终以多维度方式展示报表。

6.7.3.3 数据标准化分析

根据数据清洗的操作日志,对清洗前后的数据标准化情况进行统计分析,形成数据标准化展示。

6.7.4 预警管理

6.7.4.1 实时流监控异常

支持在不同实时流处理环节中，按照时间周期、数据流量等告警阈值规则的配置。比如时间周期设置 10min，数据流量设置 1000 条等，即在最近 10min 内没有数据流量产生，或者数据流量小于 1000 条则进行告警。

6.7.4.2 非实时数据流监控异常

预期时间内没有达到指定数据流量，则告警。比如每天的数据同步任务中，可以大概已知同步 5000 条数据，但实际同步数据只有 1000 条则进行告警。

6.7.4.3 运行状态异常

根据运维状态监控的运行监控指标要求，对低于指定配置阈值，则告警。比如数据传输通道中断、数据资源池服务中断、对外服务接口中断，数据接入、处理、服务系统资源占用率超标等则告警异常。

6.7.4.4 数据质量异常

根据数据质量管理要求进行数据质量的告警展示。比如在手机号码字段类型中，字段值与手机号码规则不匹配，在经纬度字段类型中，字段值与经纬度取值规则不符等均能触发告警异常。

6.7.4.5 数据告警信息推送

按照预设告警规则，产生告警信息，可以通过消息、服务、邮件、短信等方式推送给系统运维人员。

6.7.5 运维日志审计

6.7.5.1 运维日志记录

对外服务接口访问、系统操作、运维操作、开发操作等所有数据资源池上的操作都需进行日志记录。支持按照操作者、操作者组织、操作时间、操作模块、操作类型、操作内容、操作结果（成功、失败）等维度信息进行日志记录。

6.7.5.2 运维日志查询

管理员可通过多个查询条件组合进行查询，包括操作者、操作者组织、操作时间、操作模块、操作类型、操作内容、操作来源、操作结果等，并支持 csv、xls、doc 等格式导出。

6.8 数据服务

数据服务是指各类数据资源对外提供的访问和管理能力，数据资源包括原始库、资源库、主题库、专题库、元数据库、数据资源目录等。

6.8.1 查询检索服务

查询检索服务包括数据资源情况的查询检索接口以及结构化和非结构化数据的查询检索接口,支持精确/模糊、分类、组合等多种查询方式,支持返回汇总信息、判定查询关键词是否命中信息,以及数据摘要或明细信息。查询检索功能主要包括以下几个功能。

(1)数据资源情况查询:提供对数据资源池中各类数据资源情况进行查询。

(2)通用数据查询:用来进行结构化数据的查询,支持精确匹配、模糊匹配。

(3)通用扩展查询:为结构化数据查询,可以根据查询词的类型,通过字段扩展配置,用查询值在多个同类字段进行查询,以保证查全率。

(4)全文检索:支持基于关键词匹配或文本相似度匹配进行检索。

(5)二进制文件查询:提供根据 MD5 和文件体长度来查询与输入文件相同的全文数据。

(6)获取文件体:支持根据文件路径返回文件体。

(7)音频检索:支持使用语音或文字,查询匹配相应内容的音频以及对应的描述。

(8)图像检索:支持输入图片或关键词检索,返回涉及类似场景的图片,以及对应的描述。

(9)视频检索:支持输入图片、关键词或视频片段,返回涉及相似场景的视频,以及命中的位置、场景描述等信息。

(10)查询回调:由服务请求方提供用于接收异步查询结果。

6.8.2 数据服务总线

数据服务总线的功能包括以下几方面。

(1)请求受理:请求方提交服务请求报文,数据服务总线受理请求并鉴别请求方、服务使用者的令牌和服务访问权限。数据服务总线应按要求提供请求方协议适配。

(2)服务路由:由数据服务总线根据服务注册信息和挂载配置信息,确定报文的节点、总线传输路径,并对请求报文和响应报文进行转换、传输。

(3)协议转换:支持数据服务总线报文在不同消息格式、不同传输协议之间自动转换。

(4)服务调用:服务方返回服务响应,数据服务总线鉴别服务方令牌并进行路由和必要的协议转换,转发给请求方。数据服务总线应按要求提供服务方协议适配,并支持同步接入方式。

(5)监控功能:数据服务总线支持总线监控、服务监控、日志采集、会话跟踪。

(6)管理功能:数据服务总线支持节点管理、挂载配置管理。

7 云南省地质公园地质遗迹数据采集技术要求

地质公园地质遗迹信息是地质遗迹的保护和地质公园建设管理的核心支撑数据。由于《国家地质公园规划编制技术要求》(国土资发〔2016〕83号)中关于地质公园的编制没有地质遗迹信息采集表(卡片),为了加强地质遗迹的保护和地质公园建设管理的需要,规范、完善地质遗迹信息采集工作,结合云南省的具体情况,在地质公园地质遗迹调查登记卡片的基础上,做了适当补充完善,形成《地质公园信息采集表》和《地质公园地质遗迹信息采集表》,规范云南省地质公园地质遗迹信息采集技术要求。

7.1 数据采集表单

地质公园地质遗迹数据采集主要填写4个表(表7-1～表7-4),表格内容填写以《国家地质公园规划编制技术要求》文中要求为主要参考依据。

表 7-1 地质公园信息采集表

公园名称			
公园类型		面积(km²)	
地质遗迹点数		人文景观点数量	
管理机构		办公地点	
联系人		电话	
邮箱		网址	
批准时间		批准文号	
位置	云南省　　　市(州)　　　县(区)		
地质公园简介:			
填表人		审核	
			签　章 年　月　日

表 7-2　地质公园地质遗迹信息采集表

野外编号			遗迹编号							
公园名称			遗迹名称							
遗迹位置	云南省　　　市(州)　　　县(区)　　　镇(乡)									
遗迹坐标	E　　°　　′　　″,N　　°　　′　　″,H　　m									
遗迹类型	类									
	亚类									
地　　层				岩　　性						
内外营力				地　　貌						
地质遗迹特征描述:										
主要成因:										
典型照片或素描图										
	编　号:									
调查人				审查人						
调查单位				填表时间			年　　月　　日				

表 7-3 地质遗迹评价表

地质遗迹评价等级			
科学价值		自然完整性	
稀有性		美学观赏价值	
科普教育价值		环境优美性	
地学旅游价值		旅游开发价值	
观赏的安全性		观赏的通达性	
生态价值		历史文化价值	
地质遗迹保护影响因素分析：			
保护等级			
保护措施			
保护现状			
管理单位			
负责人		联系电话	

表 7-4 地质公园地质遗迹名录一览表

序号	地质遗迹名称	类型	地理位置	坐标	特征描述	评价等级	保护等级	备注

7.2 填表说明

7.2.1 Excel 表格填写说明

（1）经纬度填写示例：地质遗迹坐标中"秒"需要保留至小数点后 2 位，经纬度录入示例分别如表 7-5 和表 7-6 所示。

表 7-5 经度填写示例表

需录入经度	键盘输入数值	"东经"字段得到结果	成果截图
E102°58′53.46″	1025853.46	102°58′53.46″	东经
E102°05′04.46″	1020504.46	102°05′04.46″	102°58′53.46″ 102°05′04.46″ 120°05′04.46″
E120°05′04.46″	1200504.46	120°05′04.46″	

表 7-6 纬度填写示例表

需录入经度	键盘输入数值	"北纬"字段得到结果	成果截图
N24°40′52.64″	244052.64	24°40′52.64″	北纬
N25°05′04.46″	250504.46	25°05′04.46″	24°40′52.64″ 25°05′04.46″ 20°05′04.46″
N20°05′04.46″	200504.46	20°05′04.46″	

注意:"0"不可缺省。

(2)时间填写示例。统一填写为此格式:"2004/1/4"。若需填写日期未具体到日,则统一填写为 1 号,即"2004/1"需填写为"2004/1/1"。

(3)联系电话。表格中凡是涉及到联系电话的请统一填写为单位座机号码(含区号)。

(4)Excel 表操作要求。表头固定,而表格中表格的位置需保持不动,如地质公园信息采集表中"公园名称"需固定在 B 列第二行的位置。地质遗迹等级、保护等级在 Excel 表中勾选相应的等级。

7.2.2 表格填写说明

Word 表各项填写说明见表 7-7 至表 7-9。

表 7-7 地质公园信息采集表填表要点说明

公园名称	批准的全称		
公园类型	文字描述,如地质、地貌类或古生物类	面积(km²)	精确到小数点后 2 位
地质遗迹点数	整 数	人文景观点数量	整 数
管理机构	批准的管理机构全称	办公地点	有效的办公地点
联系人		电 话	
邮 箱		网 址	批准的管理机构全称
批准时间	申报批准时间	批准文号	批准的文号
位 置	云南省　　　　市(州)　　　　县(区),(跨县的逗号隔开)		

续表 7－7

地质公园简介:要求简单描述地质公园概况,200 字以内。			
填表人		审　核	
地质公园管理机构签章 年　　月　　日			

表 7－8　地质公园地质遗迹信息采集表填表要点说明

野外编号	由各地质公园自行填写	遗迹编号	共 11 位字符,由 3 个部分组成:①6 位全国县(市)行政代码(GB 2260)2016 年 8 月;不跨县(市)时,选择所属县(市)代码;跨县(市)时,选择所属县(市)上一级行政代码。参考民政部网址 www.mca.gov.cn.;②1 位该地质公园在该行政区内的顺序代码(以大写的英文字母,1、2、3、…进行标识,标识代码由各行政区自行统一);③4 位地质遗迹点序号(不足 4 位时前面补"0")
公园名称	全称	遗迹名称	所属《地质公园规划》中确定的名称
遗迹位置	云南省　　　市(州)　　　县(区)　　　镇(乡)		
遗迹坐标	填写遗迹中心点坐标;WGS84 坐标系,1985 国家高程基准;""数据保留至小数点后 2 位(例如:E 102°58′53.46″,N 24°40′52.64″,H＝1979m)		
遗迹类型	类	按《国家地质公园规划编制技术要求》中地质遗迹分类表(附表2)	
	亚类	按《国家地质公园规划编制技术要求》中地质遗迹分类表(附表2)	
地层	①主要成景地层; ②根据调查区所属1∶20 万、1∶5 万或 1∶1 万等地质图,参考全国地层委员会发布的《地质年代表》; ③地层单位填至"组"。 (50 字以内)	岩性	主要成景岩性(50 字以内)

续表 7-8

内外营力	即控制该地质遗迹形成的内外力地质作用(50字以内)	地貌	50字以内
地质遗迹特征描述:[能描述和分析地质遗迹形态和性状特征的各种参数等(200字以内)]			
主要成因:[从控制地质遗迹形成的内外营力作用机制,形成演化过程等方面进行分析(200字以内)]			
典型照片或素描图	要求: ①典型数码照片、素描图(能反映地质遗迹典型特征;有比例尺或显示比例的物体); ②分辨率 200dpi 编号: ①电子版照片、图等完整编号格式:□□□□□□□□-□□,即"室内编号-照片或图片顺序号"组成; ②该表"编号"处仅填写最后两位"顺序号"; ③多张时,以逗号","隔开		
调查人		审查人	
调查单位		填表时间	年　　月　　日

表 7-9　地质遗迹评价表填表要点说明

地质遗迹评价	按《国家地质公园规划编制技术要求》中"地质遗迹评价"相关要求,通过和国内外同类型地质遗迹景观以科学价值、美学价值、科普教育价值及地学旅游价值为主,参考有关因素对比分析,对地质遗迹进行综合评价。地质遗迹评价等级划分为世界级、国家级、省级及省以下级4个等级。 此格内仅填写综合评定后确定的等级,即填写"世界级、国家级、省级及省以下级"4个等级中的一个(20字以内)		
科学价值	针对该地质遗迹特征进行分析,但文字要简练(50字以内)	自然完整性	针对该地质遗迹特征进行描述,但文字要简练(50字以内)
稀有性	针对该地质遗迹特征与省内、国内、全球相似地质遗迹进行对比和描述,但文字要简练(50字以内)	美学观赏价值	针对该地质遗迹特征进行描述和分析,但文字要简练(50字以内)
科普教育价值	针对该地质遗迹特征进行分析,但文字要简练(50字以内)	环境优美性	针对该地质遗迹特征进行描述和分析,但文字要简练(50字以内)
地学旅游价值	针对该地质遗迹地学旅游特征进行分析,但文字要简练(50字以内)	历史文化价值	针对该地质遗迹历史文化属性特征进行分析,但文字要简练;若地质遗迹点不存在该属性,此格可填"无"(50字以内)
观赏的安全性	针对该地质遗迹特征进行描述和分析,但文字要简练(50字以内)	观赏的通达性	针对该地质遗迹特征进行描述和分析,但文字要简练(50字以内)

续表 7-9

地质遗迹保护影响因素分析： 填写"对地质遗迹产生破坏或威胁的自然与人为的影响因素等"(200字以内)	
保护等级	根据保护对象的重要性，划分为特级保护、一级保护、二级保护、三级保护，此处仅填写"特级保护、一级保护、二级保护、三级保护"中的一个等级(20字以内)
保护措施	填写"针对性、具体的、正在实施或规划实施"的保护措施(200字以内)
保护现状	地质遗迹受到破坏与保护的现状
管理单位	
负责人	联系电话

7.3 成果格式及装订要求

(1) 4张Word表格以A4纸双面打印，左侧装订。

(2) 典型照片或素描图，另存在文件夹(××地质公园照片或素描图)中。

照片存储格式：jpg格式，尺寸适当，分辨率不小于200dpi。

照片或素描图命名："□□□□□□□□□□-□□.jpg"，即"室内编号-照片或图片顺序号.jpg"组成。当遗迹点存在两张及以上照片时，需要填写为："□□□□□□□□□□-□□.jpg,□□□□□□□□□□-□□.jpg"，即两张照片用逗号隔开，注意逗号必须为英文状态下的逗号，否则将导致输入错误。

7.4 提交成果

(1) 彩色打印的4张Word纸质版表格一套。
(2) 交电子版表格(Word、Excel)各一份。
(3) 交电子版照片或素描图文件夹。

8 云南省地质环境基础数据编码规则

《云南省地质环境基础数据编码规则》定义了地质环境领域基础数据的编码规则,包括地质环境代码编码方法、地质环境公共代码、地质环境基础数据编码,为云南省地质环境信息化数据集成奠定了基础。

8.1 地质环境代码编码方法

8.1.1 信息编码的功能

(1)鉴别。编码是鉴别信息分类对象的唯一标识。

(2)分类。当分类对象按一定属性分类时,对每一类别设计一个编码,这时编码可以作为区分对象类别的标识。这种标识要求结构清晰,毫不含糊。

(3)排序。由于编码所有的符号都具有一定的顺序,因而可以方便地按此顺序进行排序。

(4)专用含义。由于某种需要,当采用一些专用符号代表特定事务或概念时,编码就提供一定的专用含义,如某些分类对象的技术参数、性能指标等。

8.1.2 信息编码的基本原则

信息编码的基本原则:在逻辑上既要满足使用者的要求,又要适合于处理的需要;结构易于理解和掌握;要有广泛的适用性、通用性、可扩展性、兼容性、继承性;原则上还要考虑编码在国际、国内的通用性。

8.1.3 信息编码的代码类型

一般代码分为两类:一类是有意义的代码,即赋予代码一定的实际意义,便于分类处理;一类是无意义的代码,仅仅是赋予信息元素唯一的代号,便于对信息的操作。本项目设计的信息编码为有意义的代码。

常用的代码类型有:①顺序码,即按信息元素的顺序依次编码;②区间码,即用一代码区间代表某一信息组;③记忆码,即能帮助联想记忆的代码。

信息的表现形式多种多样,因而编码的方案也非常多。例如:我国制定的包括一、二级汉字和常用符号的图形字符代码,日文、韩文等其他文字与符号的"大5码"(BIG 5),英文字符的"ASCII 码"(American Standard Code for Information Interchange)。本项目设计的信息编码主要采用 ASCII 码。

8.1.4 地质环境代码的编码方法

（1）确定系统目标。根据系统的总目标确定信息系统的信息内容，对地质环境各业务领域相关的数据与信息进行全面调查；分析各类信息的性质、特征；优化和重组信息分类；统一定义信息名称，提供系统设计数据。

（2）数据调查分析。初步调查：初步调查是对地质环境各业务领域的基本情况进行调查，包括地质灾害、地下水环境、矿山地质环境、地质遗迹（地质公园）等各业务领域的数据结构。

现状调查：根据初步调查所确定的信息范围对地质环境各业务领域现行的信息分类、编码情况和数据结构等进行深入的调查，收集全部应有的数据表单、数据库结构规范、各类文件等。

特征分析：对收集到的信息采用特征表的方法进行特征分析，对需要统一名称的或多名称的事务或概念、数据项和数据元统一定义。

（3）确定清单。初步整理收集来的信息，列出清单或名称表，并尽可能使用文字、数字的代码进行描述。

（4）制定编码规则。每个信息均应有独立的代码，信息代码一般是由分类码和识别码组成的复合码。分类码是表示信息类别的代码，识别码是表示信息特征的代码。不同类别的信息可以有不同的编码规则，对同一类信息采用等长编码。

（5）建立编码系统。采用地质环境各业务领域已存在的各种不同内容的信息代码（地质灾害点代码、地质遗迹点代码等），予以试套、调整和修改变为"地质环境信息系统"的信息编码系统。

（6）验证。编码系统形成后，应对编码系统进行验证、修改和补充，以确保编码系统的可靠性及适用性。

（7）发布实施。全部分类系统、编码系统和各种代码应按企业标准发布。

（8）结论。

8.1.5 地质环境通用代码编码

地质环境通用代码编码由空间代码、时间代码、类型代码和顺序代码组成。地质环境各业务领域的代码设计应该以此编码组成为基础，根据具体编码的特点进行编码，如图 8-1 所示。

第一级：空间代码。一般设置为行政区划国标代码，有两种方案可供选择：一是 9 位（含省、地区、县、乡镇 4 级）；二是 6 位（含省、地区、县 3 级）。

第二级：时间代码。时间代码编码规则参照本书中的"日期时间代码"，一般可取 4 位年份代码，如"2009"；也可按完整的日期时间编码（适用于对时间要求比较严格的情况），如"20090720132045"（表示 2009 年 7 月 20 日 13 点 20 分 45 秒）。

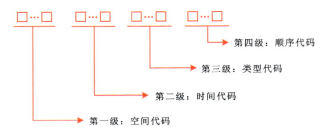

图 8-1 地质环境通用代码编码规则

第三级:类型代码。类型代码一般按照编码对象的分类,根据其属性值代码,取其类型的编码,类型代码一般为 ASCII 码。例如:灾害类型代码中,"01"表示滑坡。

第四级:顺序代码。顺序代码一般是在空间、时间、类型的约束下,按照顺序进行编码。顺序代码一般从 1 开始编码,根据顺序代码的长度编码到最大值。编码达不到最大位数的,前面补 0。例如 4 位的顺序代码由"0001"编码到"9999"。在确定顺序代码的最大长度时,一般需要预估在空间、时间、类型的约束下,该类对象的最大个数,以此来确定顺序代码的最大长度。该长度不可太小也不可太长,以满足实际需要为宜。

8.2 地质环境公共代码

8.2.1 实体(数据表)编码

实体(数据表)编码规则参照 2.3.2.1 小节的描述及图 2-13,对系统内各大类实体编码参照表 2-2。

8.2.2 程序模块编码

云南省地质环境信息化建设包括多个业务系统的建设,各个系统下又包括若干子系统、模块和子模块。程序模块编号由 6 位字符组成,第一位为系统编号,信息化支撑类管理系统编号由"G"开头,数据中心管理类系统模块编号由"D"开头,信息系统类系统编号由"X"开头,决策支持类系统编号由"J"开头;第二位为子系统编号,由 A~Z 编码;第三位为模块编码,以 A~Z 表示;第四位为第 1 级子模块编码,由 A~Z 编码;第五位为第 2 级子模块编码;第六位为第三级子模块编码,由 A~Z 编码。子模块数超过 26 个,则用小写字母 a~z 接着编码。

8.2.3 空间图层编码

空间数据元数据编号、图层编码、属性表编码及属性表字段编码参照 2.3.3.1 小节的相关规则执行。

8.3 地质环境基础数据编码

地质环境基础数据编码按照"云南省地质环境综合库规范"中的"统一编码(代码)"编码规则进行编码。

9 云南省地质环境信息系统开发核心技术要求

《云南省地质环境信息系统开发核心技术要求》定义了权限验证规则、事务处理规则、防重复提交处理规则、日志自动记录规则、异常及错误处理规则。

9.1 权限验证规则

在云南省地质环境信息系统菜单管理模块中，登记各菜单（仅限叶子节点）的操作权限，格式为"工程代码.模块代码:功能代码"。例如system.user:add,用户在访问系统时，会自动检测权限，如果权限没有登记，会有错误提示信息。

在业务Controller代码中需要检查权限的方法上加上注解，例如读取数据字典列表格式为@RequiresPermissions("system.dataword:read.list")。

9.1.1 使用说明

事务处理由统一开发框架自动完成，但是开发时也要满足一定的规则。

（1）框架中事务处理统一由spring来管理，spring通过配置的方式，对满足事务处理要求的方法，统一处理。

（2）框架开发命名规则，对框架中service层中，以create、update、delete、add、remove、save、modify打头的方法做统一事务处理。

（3）如果有多步的数据库操作，尽量将其写在Service层的同一个方法体中，并且满足相应的命名规则，以便自动进行事务处理。不要在Action中进行多步的数据库操作，以免产生多次事务。

（4）由于spring处理事务的机制原因，在用到事务处理的方法中，请不要用try{}catch{}来捕获异常，否则事务处理将失效。

9.1.2 使用样例

以创建系统菜单为例子，在创建系统菜单时，同时记录自己定制的操作日志，样例如下。

```
/**
 * 创建系统菜单对象
 *
 * @param menu 系统菜单对象
```

```
 * @throws Exception
 */
public void createMenu(Menu menu) throws Exception {
    menu.setId(generatorHexUUID());//获取唯一编号
    menuDao.create(menu);

    String key="log.menu.create";
    String[] descriptions={menu.getMenu_name(),menu.getUsed_cn()};
    Log log=getLog(key,descriptions);
    createLogs(log);
}
```

注:对于操作数据库的地方,也就是标红的地方,一定不要使用try{}catch来捕捉异常,否则将不作为一个事务来处理。

9.2 日志自动记录规则

9.2.1 使用说明

对于统一开发框架,日志是利用AOP自动记录到数据库中的,日志记录的规则有:系统自动拦截Service层,需要记录日志的方法名必须以"add""create""update""modify""delete""remove"开头。

9.2.2 使用样例

```
//系统自动记录日志
public Integer deleteById(String id) {
...
}
//系统不会记录日志
public Integer shanchuById(String id) {
...
}
```

9.3 异常及错误处理规则

9.3.1 使用说明

框架统一处理程序抛出的异常和系统抛出的异常,根据不同的异常给用户不同的提示信息。框架中所有的异常都可以调用 Assert 工具类输出到页面，错误提示信息需要配置在 i18n 目录的 messages_en.properties 和 messages_zh.properties 国际化文件下。

9.3.2 使用样例

```
@Override
@Operation(summary="添加用户")
@RequiresPermissions("system.user:add")
@PostMapping(value="/add")
public Object add(ModelMap modelMap, @RequestBody SysUser param){
    Assert.isNotBlank(param.getAccount(), "ACCOUNT");
    Assert.length(param.getAccount(), 3, 25, "ACCOUNT");
    ...
}
```

Assert.isNotBlank(param.getAccount(), "ACCOUNT")表示账号为空时提示用户

10 云南省地质环境信息系统开发安全技术要求

《云南省地质环境信息系统开发安全技术要求》从应用开发安全管理要求出发,规范云南省地质环境信息化建设各信息系统应用开发安全相关的具体技术细节要求。

10.1 业务系统与数据库分离

在业务系统开发时,要将业务系统使用的数据库作为独立的服务器,单独部署,模拟实际部署环境进行开发,而不是在开发用的计算机上直接安装一套数据库来进行开发。

10.2 使用安全组件

在业务系统中,应尽量使用统一开发框架提供的组件,在框架提供的组件不能满足开发需要时,应选择安全的组件。安全组件的选择原则如下。
(1)使用开源组件,如 spring、ibatis 等。
(2)选择版本号比较高的组件,如版本号不能低于 3.0。
(3)选择更新较快组件,如每半年或更短的时间就有新的版本发布(可以是小版本的发布)。
(4)有一定的客户群,即有很多的人在使用的组件。

10.3 密码设定

系统中所有用户都设定密码保护,规范从密码长度设置、密码组成、密码存储等几方面来进行约束。
(1)密码长度:密码长度为 6~16 位,最短不能少于 6 位。
(2)密码组成:由数字和英文字符混合组成,不能采用计算机保留字符。
(3)密码存储:密码存储统一采用统一开发框架提供的不可逆 MD5 加密算法加密后进行存储。
(4)对于普通的 MD5 加密,可以通过对密文匹配来达到破解密码的目的。因此在使用 MD5 加密时需要对其进行一定的变换,而不是直接存储 MD5 加密的密文。

参考代码1——MD5 加密代码

```java
public class TestMd5 {
    /**
     * 密码加密
     * @param args
     */
    public static void main(String[] args) {
        //加密获取密文
        TestMd5 t = new TestMd5();
        //用户实际密码
        String pwd = "888888";
        //常规 MD5 加密密码
        System.out.println(t.encode(pwd));
        //混淆码(加的盐),可以对每个用户随机生成一个混淆码,并存储在用户表中
        String salt = "DzHj@p";
        //真正用于加密的码
        String last = pwd + salt;
        //加盐后的加密密文
        System.out.println(t.encode(last));
    }

    private static final char[] HEX_DIGITS = {'0','1','2','3','4','5','6','7','8','9','a','b','c','d','e','f'};
    //加密算法
    private final String encodingAlgorithm = "MD5";
    private String characterEncoding = "UTF-8";
    /**
     * 密码加密
     * @param password 要加密的密码
     * @return 返回加密密文
     */
    public String encode(final String password) {
        if (password == null) {
            return null;
        }
        try {
            MessageDigest messageDigest = MessageDigest.getInstance(this.encodingAlgorithm);
            messageDigest.update(password.getBytes(this.characterEncoding));
            final byte[] digest = messageDigest.digest();
            return getFormattedText(digest);
        } catch (final NoSuchAlgorithmException e) {
            throw new SecurityException(e);
        } catch (final UnsupportedEncodingException e) {
```

```
            throw new RuntimeException(e);
        }
    }
    /**
     * Takes the raw bytes from the digest and formats them correct.
     *
     * @param bytes the raw bytes from the digest.
     * @return the formatted bytes.
     */
    private String getFormattedText(byte[] bytes) {
        final StringBuilder buf=new StringBuilder(bytes.length * 2);
        for (int j=0;j<bytes.length;j++) {
            buf.append(HEX_DIGITS[(bytes[j]>>4) & 0x0f]);
            buf.append(HEX_DIGITS[bytes[j] & 0x0f]);
        }
        return buf.toString();
    }
}
```

10.4 身份认证

统一开发框架采用统一身份认证机制,该认证支持 HTTPS 安全连接和证书,所有子系统开发时都必须采用统一开发框架提供的统一身份认证机制。限制非法登录次数,当登录次数超过 3 次时,将会对账号锁定 15min。

验证用户身份时,不能在 SQL 语句中匹配账号密码,而是将加密密码获取到后,在程序中对用户输入的密码加密匹配。

参考代码 2——身份验证代码

```
protected final boolean authenticateUsernamePasswordInternal(
        final UsernamePasswordCredentials credentials)
        throws AuthenticationException {
    final String originalUsername=credentials.getUsername();
    String username=originalUsername;

    final String password=credentials.getPassword();
    final String encryptedPassword=this.getPasswordEncoder().encode(
            password);//加密后的输入密码

    try {
        if (! checkUserLogin(username)) {
            logUserLogin("用户登录失败:账号被锁定,在规定时间内禁止再次登录", username,
```

```java
        "",-1,
                        false);
            return false;
        }

        Map user=null;

        try {
            user=getJdbcTemplate().queryForMap(this.sql,username);
        } catch (final IncorrectResultSizeDataAccessException e) {
            logUserLogin("用户登录失败:无此用户",username,"",-1,false);
            return false;
        }

        if (user==null) {
            logUserLogin("用户登录失败:无此用户",username,"",-1,false);
            return false;
        }

        //用户姓名
        String name=(String) user.get("NAME");
        String state=(String) user.get("STATE");
        if (state==null || !"1".equals(state)) {
            //用户被锁定
            logUserLogin("用户登录失败:用户被锁定",username,name,-1,false);
            return false;
        }

        String dbPassword=(String) user.get("PASSWORD");
        boolean loginResult=dbPassword.equals(encryptedPassword);

        //是否限制用户在不同IP同时登录
         boolean loginRestricted = Boolean.parseBoolean(Config.getPropertyValue("LOGIN_RESTRICTED"));
            if (loginRestricted) {
                PassportUtil passport=new PassportUtil();
                if (passport.isOnline(username)) {
                    List<ActiveUser>localArrayList=passport.getActiveUsers(username);
                    HttpServletRequest request=AuthCurrentRequest.get();
                    String loginIp=request.getRemoteAddr();
                    for (ActiveUser activeUser:localArrayList) {
```

```
                if (! loginIp.equals(activeUser.getLoginUser().getClientIp())) {
                    logUserLogin("用户登录失败:已有其他 IP 登录该用户", username,
name, -1, false);
                    throw new CustomAuthenticationException(loginRestrictionCode);
                }
            }
        }

        if (loginResult) {
            //如果登录成功,则将用户登录信息写入
            String updateSql = "insert into ZDEC01A values (?,?,1,?)";
            getJdbcTemplate().update(updateSql, username, new Date(), name);
            processUserLoginSucceed(username);
            logUserLogin("用户登录成功", username, name, -1, loginResult);
            //将用户加入到在线用户列表
            HttpServletRequest request = AuthCurrentRequest.get();
            PassportUtil passportUtil = new PassportUtil();
            LoginUser loginUser = new LoginUser();
            loginUser.setUserAccount(username);
            loginUser.setUserName(name);
            //loginUser.setUserPassword(password);
            loginUser.setLoginTime(DateTimeUtil.nowDate());
            loginUser.setClientIp(request.getRemoteAddr());
            ActiveUser activeUser = new ActiveUser(loginUser);
            passportUtil.login(activeUser);
        } else {
            processUserLoginFailed(username, name);
            logUserLogin("用户登录失败:密码错误", username, name, -3, loginResult);
        }

        return loginResult;
    } catch (CustomAuthenticationException caex) {
        throw caex;
    } catch (Exception ex) {
        return false;
    }
}
```

10.5 加密

统一开发框架本身提供了加密函数,可以对数据进行不可逆和可逆的加密,同时,重要的系统文件也需要进行文件的加密。

参考代码3——加解密DES算法代码

```
public abstract class DesUtil {
    //密钥
    static final String Key="密钥";
    //28
    static final int pc_1_cp[]={ 57,49,41,33,25,17,9,1,58,50,42,34,26,18,10,2,59,51,43,35,27,19,11,3,60,52,44,36 };
    //28
    static final int pc_1_dp[]={ 63,55,47,39,31,23,15,7,62,54,46,38,30,22,14,6,61,53,45,37,29,21,13,5,28,20,12,4 };
    //48
    static final int pc_2p[]={ 14,17,11,24,1,5,3,28,15,6,21,10,23,19,12,4,26,8,16,7,27,20,13,2,41,52,31,37,47,55,
        30,40,51,45,33,48,44,49,39,56,34,53,46,42,50,36,29,32 };
    //16
    static final int ls_countp[]={ 1,1,2,2,2,2,2,2,1,2,2,2,2,2,2,1 };
    //64
    static final int iip_tab_p[]={ 58,50,42,34,26,18,10,2,60,52,44,36,28,20,12,4,62,54,46,38,30,22,14,6,64,56,48,40,
        32,24,16,8,57,49,41,33,25,17,9,1,59,51,43,35,27,19,11,3,61,53,45,37,29,21,13,5,63,55,47,39,31,23,15,7 };
    //64
    static final int _iip_tab_p[]={ 40,8,48,16,56,24,64,32,39,7,47,15,55,23,63,31,38,6,46,14,54,22,62,30,37,5,45,13,
        53,21,61,29,36,4,44,12,52,20,60,28,35,3,43,11,51,19,59,27,34,2,42,10,50,18,58,26,33,1,41,9,49,17,57,25 };
    //48
    static final int e_r_p[]={ 32,1,2,3,4,5,4,5,6,7,8,9,8,9,10,11,12,13,12,13,14,15,16,17,16,17,18,19,20,21,20,21,22,23,24,25,24,25,26,27,28,29,28,29,30,31,32,1 };
    //32
    static final int local_PP[]={ 16,7,20,21,29,12,28,17,1,15,23,26,5,18,31,10,2,8,24,14,32,27,3,9,19,13,30,6,22,
        11,4,25 };
    //[8][4][16]
    static final int ccom_SSS_p[][][]={
        { { 14,4,13,1,2,15,11,8,3,10,6,12,5,9,0,7 },
          { 0,15,7,4,14,2,13,1,10,6,12,11,9,5,3,8 },
          { 4,1,14,8,13,6,2,11,15,12,9,7,3,10,5,0 },
          { 15,12,8,2,4,9,1,7,5,11,3,14,10,0,6,13 } },
```

```
{ { 15, 1, 8, 14, 6, 11, 3, 4, 9, 7, 2, 13, 12, 0, 5, 10 },
{ 3, 13, 4, 7, 15, 2, 8, 14, 12, 0, 1, 10, 6, 9, 11, 5 },
{ 0, 14, 7, 11, 10, 4, 13, 1, 5, 8, 12, 6, 9, 3, 2, 15 },
{ 13, 8, 10, 1, 3, 15, 4, 2, 11, 6, 7, 12, 0, 5, 14, 9 } },
{ { 10, 0, 9, 14, 6, 3, 15, 5, 1, 13, 12, 7, 11, 4, 2, 8 },
{ 13, 7, 0, 9, 3, 4, 6, 10, 2, 8, 5, 14, 12, 11, 15, 1 },
{ 13, 6, 4, 9, 8, 15, 3, 0, 11, 1, 2, 12, 5, 10, 14, 7 },
{ 1, 10, 13, 0, 6, 9, 8, 7, 4, 15, 14, 3, 11, 5, 2, 12 } },
{ { 7, 13, 14, 3, 0, 6, 9, 10, 1, 2, 8, 5, 11, 12, 4, 15 },
{ 13, 8, 11, 5, 6, 15, 0, 3, 4, 7, 2, 12, 1, 10, 14, 9 },
{ 10, 6, 9, 0, 12, 11, 7, 13, 15, 1, 3, 14, 5, 2, 8, 4 },
{ 3, 15, 0, 6, 10, 1, 13, 8, 9, 4, 5, 11, 12, 7, 2, 14 } },
{ { 2, 12, 4, 1, 7, 10, 11, 6, 8, 5, 3, 15, 13, 0, 14, 9 },
{ 14, 11, 2, 12, 4, 7, 13, 1, 5, 0, 15, 10, 3, 9, 8, 6 },
{ 4, 2, 1, 11, 10, 13, 7, 8, 15, 9, 12, 5, 6, 3, 0, 14 },
{ 11, 8, 12, 7, 1, 14, 2, 13, 6, 15, 0, 9, 10, 4, 5, 3 } },
{ { 12, 1, 10, 15, 9, 2, 6, 8, 0, 13, 3, 4, 14, 7, 5, 11 },
{ 10, 15, 4, 2, 7, 12, 9, 5, 6, 1, 13, 14, 0, 11, 3, 8 },
{ 9, 14, 15, 5, 2, 8, 12, 3, 7, 0, 4, 10, 1, 13, 11, 6 },
{ 4, 3, 2, 12, 9, 5, 15, 10, 11, 14, 1, 7, 6, 0, 8, 13 } },
{ { 4, 11, 2, 14, 15, 0, 8, 13, 3, 12, 9, 7, 5, 10, 6, 1 },
{ 13, 0, 11, 7, 4, 9, 1, 10, 14, 3, 5, 12, 2, 15, 8, 6 },
{ 1, 4, 11, 13, 12, 3, 7, 14, 10, 15, 6, 8, 0, 5, 9, 2 },
{ 6, 11, 13, 8, 1, 4, 10, 7, 9, 5, 0, 15, 14, 2, 3, 12 } },
{ { 13, 2, 8, 4, 6, 15, 11, 1, 10, 9, 3, 14, 5, 0, 12, 7 },
{ 1, 15, 13, 8, 10, 3, 7, 4, 12, 5, 6, 11, 0, 14, 9, 2 },
{ 7, 11, 4, 1, 9, 12, 14, 2, 0, 6, 10, 13, 15, 3, 5, 8 },
{ 2, 1, 14, 7, 4, 10, 8, 13, 15, 12, 9, 0, 3, 5, 6, 11 } } };

static byte[][] C=new byte[17][28];
static byte[][] D=new byte[17][28];
static byte[][] K=new byte[17][48];

/*
 *iu2b 把 int 转换成 byte
 */
private static byte iu2b(int input) {
    byte output1;
    output1=(byte) (input & 0xff);
    return output1;
}
```

```java
/*
 *b2iu 把 byte 按照不考虑正负号的原则的"升位"成 int 程序,因为 java 没有 unsigned 运算
 */
private static int b2iu(byte b) {
    return b<0 ? b & 0x7F+128:b;
}

/*
 *byteHEX(),用来把一个 byte 类型的数转换成十六进制的 ASCII 表示,
 *    因为 java 中的 byte 的 toString 无法实现这一点,我们又没有 C 语言中的 sprintf(outbuf,"%02X",ib)
 */
private static String byteHEX(byte ib) {
    char[] Digit={ '0', '1', '2', '3', '4', '5', '6', '7', '8', '9', 'A', 'B', 'C', 'D', 'E', 'F' };
    char[] ob=new char[2];
    ob[0]=Digit[(ib>>>4) & 0X0F];
    ob[1]=Digit[ib & 0X0F];
    String s=new String(ob);
    return s;
}

public static String ByteArr2HexStr(byte[] bytes, int len) {
    String digestHexStr="";
    for (int i=0;i<len;i++) {
        digestHexStr+=byteHEX(bytes[i]);
    }
    return digestHexStr;
}

/*
 *desMemcpy 是一个内部使用的 byte 数组的块拷贝函数,从 input 的 inpos 开始把 len 长度的
 *字节拷贝到 output 的 outpos 位置开始
 */
private static void desMemcpy(byte[] output, byte[] input, int outpos,
        int inpos, int len) {
    int i;
    for (i=0;i<len;i++)
        output[outpos+i]=input[inpos+i];
}
```

```
private static void Fexpand0(byte[] in, byte[] out) {
    int divide;
    int i, j;
    byte temp1;

    for (i=0;i<8;i++) {
        divide=7;
        for (j=0;j<8;j++) {
            temp1=in[i];
            out[8*i+j]=iu2b((b2iu(temp1)>>>divide) & 1);
            divide--;
        }
    }
}


private static void FLS(byte[] bits, byte[] buffer, int count) {
    int i;
    for (i=0;i<28;i++) {
        buffer[i]=bits[(i+count) % 28];
    }
}


private static void Fson(byte[] cc, byte[] dd, byte[] kk) {
    int i;
    byte[] buffer=new byte[56];
    for (i=0;i<28;i++)
        buffer[i]=cc[i];

    for (i=28;i<56;i++)
        buffer[i]=dd[i-28];

    for (i=0;i<48;i++)
        kk[i]=buffer[pc_2p[i]-1];
}


private static void Fsetkeystar(byte[] bits) {
    int i, j;

    for (i=0;i<28;i++)
        C[0][i]=bits[pc_1_cp[i]-1];
    for (i=0;i<28;i++)
```

```
            D[0][i]=bits[pc_1_dp[i]-1];
        for (j=0;j<16;j++) {
            FLS(C[j], C[j+1], ls_countp[j]);
            FLS(D[j], D[j+1], ls_countp[j]);
            Fson(C[j+1], D[j+1], K[j+1]);
        }
    }

    private static void Fiip(byte[] text, byte[] ll, byte[] rr) {
        int i;
        byte[] buffer=new byte[64];
        Fexpand0(text, buffer);

        for (i=0;i<32;i++)
            ll[i]=buffer[iip_tab_p[i]-1];

        for (i=0;i<32;i++)
            rr[i]=buffer[iip_tab_p[i+32]-1];
    }

    private static void Fs_box(byte[] aa, byte[] bb) {
        int i, j, k, m;
        int y, z;
        byte[] ss=new byte[8];
        m=0;
        for (i=0;i<8;i++) {
            j=6*i;
            y=b2iu(aa[j])*2+b2iu(aa[j+5]);
            z=b2iu(aa[j+1])*8+b2iu(aa[j+2])*4+b2iu(aa[j+3])*2+b2iu(aa[j+4]);
            ss[i]=iu2b(ccom_SSS_p[i][y][z]);
            y=3;
            for (k=0;k<4;k++) {
                bb[m++]=iu2b((b2iu(ss[i])>>>y) & 1);
                y--;
            }


        }
    }

    private static void FF(int n, byte[] ll, byte[] rr, byte[] LL, byte[] RR) {
        int i;
```

```
        byte[] buffer=new byte[64], tmp=new byte[64];
        for (i=0;i<48;i++)
            buffer[i]=rr[e_r_p[i]-1];
        for (i=0;i<48;i++)
            buffer[i]=iu2b((b2iu(buffer[i])+b2iu(K[n][i])) & 1);

        Fs_box(buffer, tmp);

        for (i=0;i<32;i++)
            buffer[i]=tmp[local_PP[i]-1];

        for (i=0;i<32;i++)
            RR[i]=iu2b((b2iu(buffer[i])+b2iu(ll[i])) & 1);

        for (i=0;i<32;i++)
            LL[i]=rr[i];
}

private static void _Fiip(byte[] text, byte[] ll, byte[] rr) {
    int i;
    byte[] tmp=new byte[64];
    for (i=0;i<32;i++)
        tmp[i]=ll[i];
    for (i=32;i<64;i++)
        tmp[i]=rr[i-32];
    for (i=0;i<64;i++)
        text[i]=tmp[_iip_tab_p[i]-1];
}

private static void Fcompress0(byte[] out, byte[] in) {
        int times;
        int i, j;

        for (i=0;i<8;i++) {
            times=7;
            in[i]=0;
            for (j=0;j<8;j++) {
                in[i]=iu2b(b2iu(in[i])+(b2iu(out[i*8+j])<<times));
                times--;
            }
        }
    }
```

```
}

private static void Fencrypt0(byte[] text, byte[] mtext) {
    byte[] ll=new byte[64], rr=new byte[64], LL=new byte[64], RR=new byte[64];
    byte[] tmp=new byte[64];
    int i, j;
    Fiip(text, ll, rr);

    for (i=1;i<17;i++) {
        FF(i, ll, rr, LL, RR);
        for (j=0;j<32;j++) {
            ll[j]=LL[j];
            rr[j]=RR[j];
        }
    }

    _Fiip(tmp, rr, ll);

    Fcompress0(tmp, mtext);
}

private static void FDES(byte[] key, byte[] text, byte[] mtext) {
    byte[] tmp=new byte[64];
    Fexpand0(key, tmp);
    Fsetkeystar(tmp);
    Fencrypt0(text, mtext);
}

/* 加密 */
public static int Encrypt(byte[] key, byte[] s, byte[] d) {
    int i, j;
    int len=s.length;
    byte[] cData=new byte[8];
    byte[] cEncryptData=new byte[8];
    for (i=0;i<len;i+=8) {
        if ((i+8)>len) {
            desMemcpy(cData, s, 0, i, len-i);
            for (j=len-i;j<8;j++)
                cData[j]=0;
        } else
            desMemcpy(cData, s, 0, i, 8);
```

```
        FDES(key, cData, cEncryptData);
        desMemcpy(d, cEncryptData, i, 0, 8);

    }
    return i;
}


private static void Fdiscrypt0(byte[] mtext, byte[] text) {
    byte[] ll=new byte[64], rr=new byte[64], LL=new byte[64], RR=new byte[64];
    byte[] tmp=new byte[64];
    int i, j;
    Fiip(mtext, ll, rr);

    for (i=16;i>0;i--) {
        FF(i, ll, rr, LL, RR);
        for (j=0;j<32;j++) {
            ll[j]=LL[j];
            rr[j]=RR[j];
        }
    }

    _Fiip(tmp, rr, ll);

    Fcompress0(tmp, text);
}


/ ************************************************************
 * function:DES parameter:u_char * key;key for encrypt u_char
 * mtext;
 * encipher data u_char * text;plain data return;none
 ** /
private static void _FDES(byte[] key, byte[] mtext, byte[] text) {
    byte[] tmp=new byte[64];
    Fexpand0(key, tmp);
    Fsetkeystar(tmp);
    Fdiscrypt0(mtext, text);
}

/ * 解密 * /
public static int Decrypt(byte[] key, byte[] s, byte[] d) {
    int i;
```

```java
        int len=d.length;
        byte[] cData=new byte[8];
        byte[] cEncryptData=new byte[8];
        for (i=0;i<len;i+=8) {
            desMemcpy(cEncryptData, d, 0, i, 8);
            _FDES(key, cEncryptData, cData);
            desMemcpy(s, cData, i, 0, 8);
        }
        return i;
    }

    public static byte[] HexStr2ByteArr(String strIn) {
        byte[] arrB=strIn.getBytes();
        int iLen=arrB.length;

        //两个字符表示一个字节,所以字节数组长度是字符串长度除以2
        byte[] arrOut=new byte[iLen / 2];
        for (int i=0;i<iLen;i=i+2) {
            String strTmp=new String(arrB, i, 2);
            arrOut[i / 2]=(byte) Integer.parseInt(strTmp, 16);
        }
        return arrOut;
    }

    public static String Encrypt(String source) {
        byte[] byte1=source.getBytes();
        byte[] byte2=new byte[256];
        int i=DesUtil.Encrypt(DesUtil.Key.getBytes(), byte1, byte2);
        return ByteArr2HexStr(byte2, i);
    }

    public static String Decrypt(String source) {
        byte[] byteMingW=new byte[256];
        byte[] byteMiW=DesUtil.HexStr2ByteArr(source);
        int i=DesUtil.Decrypt(DesUtil.Key.getBytes(), byteMingW, byteMiW);
        return new String(byteMingW, 0, i).trim();
    }

    public static void main(String args[]) {
        String source=new String("123456789");
        System.out.println("输入:"+source);
```

```
        String miw=DesUtil.Encrypt(source);
        System.out.println("加密:"+miw);
        String mingw=DesUtil.Decrypt(miw);
        System.out.println("解密:"+mingw);
    }
}
```

10.6 权限控制

统一开发框架提供了统一的权限控制机制,该机制基于角色的访问控制(RBAC),是国际通行的权限控制机制,可管理到各应用系统的具体某一功能的权限(包括对菜单权限验证、操作权限验证),防 URL 仿冒等规范要求。

参考代码 4——权限控制代码

```
public void checkPermit(HttpServletRequest request, String permit_id)
    throws Exception{
//是否公共的 Action,公共的 Action 下的所有方法不需要做访问权限控制的
if(isPublicAction(permit_id)){
    return;
}

//是否公共的 Action 方法,公共的 Action 方法不需要做访问权限控制的
if(isPublicPermit(permit_id)){
    return;
}

User user=getLogin(request);

//如果是 Web 服务访问,可能用户就不存在
if(user==null){
    return;
}

SecurityService ss=(SecurityService)this.getBean(request,
    "securityService");

//获取与操作权限关联的所有菜单
List permitMenu_list=ss.queryMenusInPermit(permit_id);
if(permitMenu_list==null || permitMenu_list.size()==0){
    String content="权限【"+permit_id+"】未与任何菜单关联或未在权限表中登记";
```

```
            logAutoResponse(request,RULE_CODE2,user.getUserLimitis(),user
                .getUsername(),content);//自动响应
            log.warn(content);//记录日志
            throw new BaseException("权限【"+permit_id+"】未与任何菜单关联或未在权限表中登
记!");//抛出异常
        }

        //判断用户是否具有权限
        if (user.getUserLimitis()!=null
                &&!Config.MANAGER_USER.equals(user.getUserLimitis())){
            List permitList=ss
                .getUserPermit(user.getUserLimitis(),permit_id);
            if (permitList==null || permitList.size()==0){
                String content="用户""+user.getUsername()+"["
                    +user.getUserLimitis()+"]"没有【"+permit_id
                    +"】的操作权限";
                logAutoResponse(request,RULE_CODE1,user.getUserLimitis(),
                    user.getUsername(),content);//自动响应
                throw new BaseException("您没有【"+permit_id
                    +"】的操作权限,请和系统管理员联系!");
            }
        }
    }
```

10.7 防 SQL 注入

SQL 注入攻击漏洞主要暴露的是编码问题,因此这个问题可以在系统开发时进行避免,统一开发框架使用 ORM 框架,执行 SQL 语句采用预编译形式,可有效避免 SQL 注入。

(1)防 SQL 注入基本原则为:①所有用户输入都必须进行合法性校验;②所有数据库 SQL 操作必须参数化。

(2)数据库 Schema 分离,从设计角度上最大限度地减少了 SQL 注入造成危害。

(3)尽量使用 PreparedStatement 代替 Statement:一方面,在大多数情况下,使用 PreparedStatement 的性能将优于使用 Statement;另外一方面,可以最大限度地减少 SQL 注入发生的可能性。

(4)用户提交的数据都应该做合法性校验,避免用户输入'、"、-、%、#、&、|、@、+等有可能导致 SQL 注入的危险字符给系统造成危害。

参考代码 5——防 SQL 注入 iBatis 代码

```
<select id="retrieve" resultMap="module"
    parameterClass="string">
```

```
        select<include refid="allColumn" />
        from ZDFA01A
        where ZDFA01A020=#md_code#
</select>
```

参考代码 6——特殊符号校验处理代码

```
/**
 * 查询参数处理方法,在查询时,用户可能输入一些特殊字符等,通过该方法将其过滤掉,现在主要是
将查询参数类型为 String 的字符串中 * '替换为",因为'在 SQL 语句中是作为字符串的起始和结束符号的,
如果作为查询条件,需要转义后才能使用
 *
 * @param params 查询参数
 * @return
 */
public Map prepareQuery(Map params) {
    Map<String,Object>newMap=new HashMap<String,Object>();
    if(params!=null){
        newMap.putAll(params);
        Set set=newMap.keySet();
        for(Iterator iter=set.iterator();iter.hasNext();){
            String key=(String)iter.next();
            Object obj=newMap.get(key);
            if(obj instanceof String){//如果值对象是字符串型
                String value=(String)obj;
                value=value.replace("'","''");//替换单撇号'
                newMap.put(key,value);
            }
        }
    }
    return newMap;
}
```

10.8 操作日志登记

对重要数据的增、删、改操作以及系统登录操作,提供日志记录。日志登记时,除了登记用户账号,还需要记录访问 IP、访问时间等信息。统一开发框架,提供了日志自动记录功能,只要遵循相应的开发规范,即可自动记录操作日志。

参考代码 7——自动记日志代码

```
/**
 * 拦截 Service 层的方法,对增、删、改方法记录日志。
```

*/
public class LogInterceptor implements MethodInterceptor {
    public Object invoke(MethodInvocation invocation) throws Throwable {
        String methodName=invocation.getMethod().getName();
        Object target=invocation.getThis();
        String className=target.getClass().getName();
        Object[] methodArgs=invocation.getArguments();
        Object returnValue=null;

        try {
            returnValue=invocation.proceed();
            createLog(className, methodName, methodArgs, target, true);
        } catch (Exception ex) {
            createLog(className, methodName, methodArgs, target, false);
            throw ex;
        }
        return returnValue;
    }
    private void createLog(String className, String methodName,
            Object[] methodArgs, Object target, boolean success)
            throws Throwable {
        if (!(target instanceof BaseService))
            return;
        if (className.equals("com.sanxia.waf.service.LogService")) {
            //对 LogService 的方法不做日志处理
        } else {
            if (methodName.startsWith("add") || methodName.startsWith("create")
                    || methodName.startsWith("update")
                    || methodName.startsWith("modify")
                    || methodName.startsWith("delete")
                    || methodName.startsWith("remove")) {
                int type=getLogType(methodName);
                String key=className+"."+methodName;

                String[] args=new String[methodArgs.length];
                for (int i=0;i<methodArgs.length;i++) {
                    if (methodArgs[i] != null) {
                        if (methodArgs[i] instanceof Object[]) {
                            args[i]=Arrays.toString((Object[]) methodArgs[i]);
                        } else {
                            args[i]=methodArgs[i].toString();

```
            }
        } else {
            System.err.println("在调用"+className+"类的"+methodName+"方法时,
                传入方法的第"+(i+1)+"个参数为null");
        }
    }
    //往数据库中写入日志,使用这个方法主要是因为invocation.proceed()抛出异常后,
    //再利用BaseService中的createLog写日志会不成功。
    Connection con=null;
    PreparedStatement stmt=null;

    try {
        String sql="insert into GGDA01B values (?,?,?,?,?,?,?,?)";
        con=ConnectionFactory.getConnection();
        stmt=con.prepareStatement(sql);
        Log log=((BaseService) target).getLog(key, args, type, success);
        if (log! =null) {
            stmt.setString(1, log.getGGDA01B010());
            stmt.setString(2, log.getGGDA01B020());
            stmt.setTimestamp(3, new Timestamp(log.getGGDA01B030()
                    .getTime()));
            stmt.setString(4, log.getGGDA01B040());
            stmt.setString(5, log.getGGDA01B050());
            stmt.setString(6, log.getGGDA01B060());
            stmt.setInt(7, log.getGGDA01B070());
            stmt.setInt(8, log.getGGDA01B080());
            stmt.executeUpdate();
        }
    } catch (SQLException e) {
        throw e;
    } finally {
        if (stmt! =null)
            stmt.close();
    }
        }
    }
}
private int getLogType(String methodName) {
    if (methodName.startsWith("add") || methodName.startsWith("create")) {
        return Log.TYPE_CREATE;
    } else if (methodName.startsWith("update")
```

```
            || methodName.startsWith("modify")) {
        return Log.TYPE_UPDATE;
    } else if (methodName.startsWith("delete")
            || methodName.startsWith("remove")) {
        return Log.TYPE_DELETE;
    } else {
        return Log.TYPE_OTHER;
    }
  }
}
```

10.9 敏感数据的安全防范

（1）不能任意在 Cookie、Session、ServletContext 中存放数据，对于这些对象中存放的数据必须有统一定义、说明、Lifecycle 的管理等。

（2）对于敏感信息都必须保障其私密性。在页面显示、操作交互中不可避免地会有一些如用户的标识信息、密码、账号信息等敏感数据的存在。为保障这些数据不被曝露而提高安全性，要做到所有敏感信息必须进行加密处理，不能以明文的形式存在于任何网络、内存及其他持久化介质中（如数据库、文件磁盘系统等）。

（3）所有的密码、key、账号等机密信息都不能在 URL 中传递。

（4）所有的密码、key 等机密信息都不能存储到 Cookie、Session、ServletContext 中。

（5）防止信息泄漏，具体包括：①在系统上线使用的 log leve 对应的日志输出中不允许包含任何密码、key、账号等机密信息；②SVN 集成分支上的代码中不允许存留可用的 system.out/err.print 语句；③在测试/调试阶段所使用的测试页面、单元测试模块等不允许提交到 SVN 集成分支上；④不允许将系统产生的错误异常信息直接显示给用户，需要有统一的错误处理。

（6）尽量减少不必要的信息传递，在信息的传递过程中，如果当前 Step 中的对象、对象的属性、参数等在下一个 Step 中不需要，则不要再做传递，甚至可以显式销毁。这样可以有效地降低信息被截获的概率，特别是敏感数据（例如用户密码、账户信息等）。

10.10 编码安全防范

10.10.1 Cookie 的安全防范规则

（1）存储于 cookie 中的敏感数据必须加密。

（2）没有特殊要求下，尽量使用会话 cookie（非持久化）。

（3）如果使用持久化 cookie 应该设置 cookie 超时。

激活 cookie 安全传输，表示创建的 cookie 只能在 https 连接中被浏览器传递到服务器端进行会话验证，如果是 http 连接则不会传递该信息。

```
...
Cookie[] cookies＝request.getCookies();
for(Cookie cookie:cookies){
    if(...){
        //设置 cookie 不持久化到客户端磁盘上
        cookie.setMaxAge(-1);
        //设置 cookie 超时，120 秒
        cookie.setMaxAge(120);
        //激活 cookie 安全传输
        cookie.setSecure(true);
        response.addCookie(cookie);
    }
}
...
```

10.10.2 须设置 session 的超时时间

web.xml 中配置示例：

```
...
<session-config>
    <session-timeout>20</session-timeout>
</session-config>
...
```

10.10.3 须构建统一的错误处理页面

web.xml 示例：

```
<error-page>
    <error-code>500</error-code>
    <location>/error.jsp</location>
</error-page>
```

10.10.4 线程中线程安全的防范

(1)尽量少用静态(static)变量和 static 方法(除了静态常量:static final constants)。
(2)尽量多线程框架(java.util.concurrent)构建多线程同步机制。
(3)使用 ThreadLocal 避免多个线程之间类成员的共享冲突。
(4)如非必要，不要使用 synchronized 关键字。必须要使用 synchronized 时，应将同步范围最小化，即将同步作用到最需要的地方，避免大块的同步块或方法等。

10.10.5　增加 Referer 的检查，防止非法访问

Referer 是 HTTP Header 中的一个字段，当浏览器向服务器发送请求时，Referer 用来通知服务器请求发起的位置。

10.10.6　拒绝后门账号

在开发的系统中，不允许出现通过编码的方式隐藏特殊的账号，并且不允许出现隐藏的账号还不告知客户方相关管理人员的情况。系统中所有的开发账号、管理账号、测试账号都应明确告知。

11 云南省地质环境信息系统界面设计要求

《云南省地质环境信息系统界面设计要求》定义了系统开发的界面要求,包括系统开发的整体要求、外观要求、布局要求、与用户交互要求、系统支持性要求,为云南省地质环境信息化系统集成奠定了基础。

11.1 设计原则

统一性原则:不同的程序间界面布局,控件顺序、操作方式保持统一。
易用性原则:界面的设计应符合用户的操作习惯,便于用户在最短时间内完成操作。
简洁性原则:界面的结构层次应清晰简洁,便于用户迅速了解系统的功能。
美观性原则:界面感觉应协调舒适,能在有效的范围内吸引用户的注意力。

11.2 整体要求

(1)html 文件、js 文件、css 文件编码格式都为 utf-8。
(2)系统的样式表(CSS 文件)、脚本(JS 文件)、图片资源应根据其分类放在统一的目录下。
(3)html 文件命名建议:操作方式.html,如果存在多个对象,各对象之间用"-"分隔,但对已列表的例外。
以系统用户管理界面为例,列表页面为 list.html,新增编辑页面为 edit.html,角色分配页面为 assign-role.html。

11.3 外观要求

阐述界面外观要求,包括界面的色彩风格、应用图标、界面文字、控件样式等要求等。

11.3.1 色彩风格要求

(1)色彩风格不宜花哨,以简约明晰为主。
(2)界面风格要保持一致,字的大小、颜色、字体要相同,除需要艺术处理或有特殊要求的地方外。

(3)相近的子系统应使用相同的色调作为整体的色彩风格,建议:①支持类系统可使用淡蓝色作为整体色彩风格;②二维地图展示类系统使用蓝色作为整体色彩风格;③三维地图展示类系统使用深蓝色作为整体色彩风格。

11.3.2 应用图标要求

(1)所有系统应使用同一个 logo 图标代表云南省地质环境信息化建设项目。

(2)所有的图标应使用户容易明白该图标所代表的功能,例如门户网站上有代表各个系统的图标,用户可通过图标看出该系统所代表的功能。

(3)同一个系统内,同类型的图标尺寸大小应保持统一,例如菜单图标采用 24px×24px,操作图标采用 24px×48px。

(4)激活功能的图标以彩色显示,非激活功能的图标以灰色显示或直接隐藏。

11.3.3 界面文字要求

(1)使用常见的字体,字号的大小要与界面的大小比例协调,字体大小根据系统标准字体来设置。

(2)界面文字可通过颜色、粗体、斜体或下划线来标识重要信息,但标识方式应保持统一。

(3)文字、数字、金额类以统一的对齐方式排列。

(4)可通过文字显示的信息,不宜以图片展示。

11.3.4 控件样式要求

(1)菜单层次逻辑应清楚明白,让用户能直观了解该菜单所代表的功能。

(2)菜单层次以两层为宜,不得超过 3 层,避免用户操作的不便。

(3)主菜单的宽度要接近,字数最好不多于 4 个,每个菜单的字符能相同最好。

(4)菜单通常采用"常用→主要→次要→工具→帮助"的位置排列。

(5)下拉菜单要根据菜单选项的含义进行分组,并且按照一定的规则进行排列。

(6)菜单项按使用频率和重要性排列,常用的放在开头,不常用的靠后放置。

(7)相邻或同组的按钮大小相同,同界面上所有的按钮高度相同。

(8)完成同一功能或任务的控件房子集中位置,减少鼠标移动的距离。

(9)控件的名称要与同一界面上的其他控件易于区分,最好能望文知义。

(10)当用户要做出的选择只有两个选项时,可以采用单选框,当选项特别多时,可以采用列表框、组合框。

11.4 页面元素规范

11.4.1 色调

系统色调根据系统场景和需要按照图 11-1 色调表中的规定进行设值。

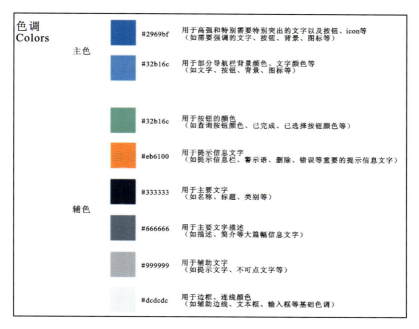

图 11－1　色调

11.4.2　文字样式

系统字体设置根据场景需要，按照图 11－2 的规定选择合适字体大小进行设置。

文字
Fronts

设计稿中使用中文：微软雅黑英文、数字、字母等：windowsLCD

样式	字号	行距	使用场景
文字	30px	25	少量大标题、logo
文字	16px	25	用在一些较为重要的文字和一级菜单栏（菜单栏、标题）
文字	14px	25	用在大多数文字（列表表头文字、页面切换栏、操作文字等）
文字	12px	25	用在大多数文字（正文、备注、用户信息等）

图 11－2　文字样式

11.4.3　图标

系统图标的尺寸大小参照图 11－3 的规定进行设置，系统图标根据业务含义自己设置，对于通用的图标必须使用现有图标，保证系统风格的一致。

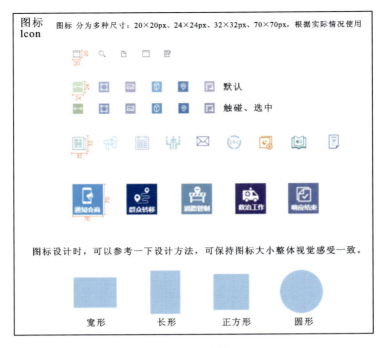

图 11-3 图标

11.4.4 按钮

按钮大小以及颜色参照图 11-4 的规定进行设置。

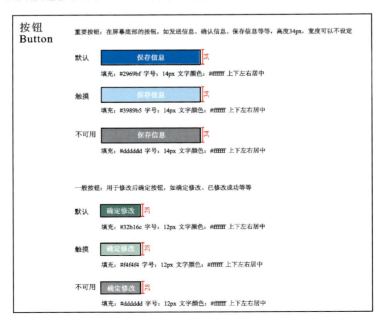

图 11-4 按钮

11.5 布局要求

11.5.1 采集类系统界面布局要求

系统的整体框架布局分为系统标识区、用户帮助区、功能菜单区和信息采集区,如图 11-5 所示。

图 11-5 采集类系统界面布局要求

（1）系统标识区:展示总项目的 logo+总项目名称+子系统名称。
（2）用户帮助区:包含"用户帮助""关于""注销"控件。
（3）功能菜单区:子菜单项隐藏在主菜单内,主菜单以"常用→主要→次要→工具→帮助"的位置排列。
（4）信息采集区:包含待采集的数据项,以及数据提交、取消、重置等控件。

11.5.2 展示类系统界面布局要求（带地图）

系统的整体框架布局分为:系统标识区、用户帮助区、功能菜单区、操作查询区和地图展示区,如图 11-6 所示。
（1）系统标识区:展示总项目的 logo+总项目名称+子系统名称。
（2）用户帮助区:包含"用户帮助""关于""注销"控件。
（3）功能菜单区:子菜单项隐藏在主菜单内,主菜单以"常用→主要→次要→工具→帮助"的位置排列。
（4）操作查询区:展示检索条件输入控件和检索结果记录。
（5）地图展示区:①区域右上角,包含电子地图、影像图等的底图切换按钮;②区域右下角,包含"鹰眼"功能;③区域左上角,包含地图缩放控件;④区域左侧边缘中间,包含可令本区域宽屏展示的按钮。

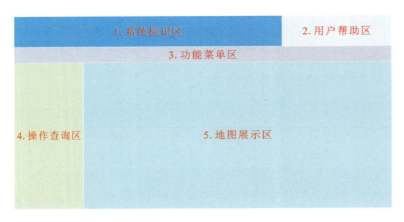

图 11-6 展示类系统界面布局要求

11.5.3 支持类系统界面布局要求(不带地图)

系统的整体框架布局分为系统标识区、用户帮助区、主菜单区、子菜单区、操作查询区和结果展示区,如图 11-7 所示。

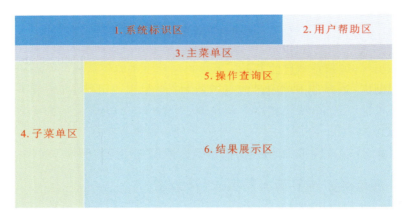

图 11-7 支持类系统界面布局要求

(1)系统标识区:展示总项目的 logo+总项目名称+子系统名称。
(2)用户帮助区:包含"用户帮助""关于""注销"控件。
(3)主菜单区:主菜单以"常用→主要→次要→工具→帮助"的位置排列。
(4)子菜单区:用户选择主菜单后,该主菜单下的所有子菜单以树状形态展现。
(5)操作查询区:展示检索条件输入控件。
(6)结果展示区:以列表形式展现所有检索出来的信息结果。区域左侧边缘中间,包含可令操作查询区与结果展示区同时宽屏展示的按钮。

11.5.4 消息推送界面布局要求

系统的整体框架布局分为系统标识区、用户帮助区、功能菜单区、信息编辑区和信息发送区，如图 11-8 所示。

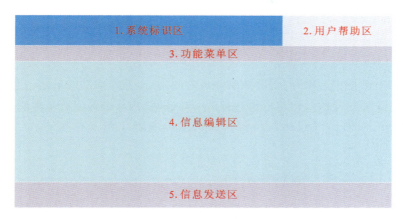

图 11-8　消息推送界面布局要求

（1）系统标识区：展示总项目的 logo＋总项目名称＋子系统名称。
（2）用户帮助区：包含"用户帮助""关于""注销"控件。
（3）功能菜单区：子菜单项隐藏在主菜单内，主菜单以"常用→主要→次要→工具→帮助"的位置排列。
（4）信息编辑区：包含信息编辑的控件，如输入框、下拉框、树状选择框、文本框等，其中输入框、下拉框等小型控件一行排两个，文本框等大型控件一行一个。
（5）信息发送区：包含信息发送的控件，如"发送""保存""重置""取消"等按钮，按钮大小应保持统一，且应排成一行，顺序为"发送、保存、重置、取消"。

11.5.5 系统弹出界面布局要求

系统弹出界面布局共分 3 个区域，即标题信息区、业务内容信息区和操作按钮区。
（1）标题信息区：用于显示信息标题，如查看用户界面标题为"查看用户"。
（2）业务内容信息区：业务内容信息区域为具体业务内容信息。
（3）操作按钮区：操作按钮区一定有个"关闭"按钮。

11.6　与用户交互要求

11.6.1　操作习惯要求

（1）用户可通过查询列表界面进入数据的编辑界面或新增界面。

(2)用户可通过查询列表界面对数据进行单条删除和多条删除。

(3)对可能造成数据无法恢复的操作必须弹出消息框给出确认信息,给用户提供放弃选择的机会。

(4)对数据的输入应有自动的校验功能。

11.6.2 系统提示要求

(1)需长时间加载数据或界面时,向用户给出"加载中……"或"请等待……"或进度提示条等友好提示。

(2)当用户对数据进行保存、修改或删除成功时,给出操作成功的提示信息。

(3)采用相关控件限制用户输入值的种类、非法的输入或操作应有足够的提示说明。

(4)对运行过程中出现问题而引起错误的地方要弹出消息框提示,让用户明白错误出处。

11.6.3 相似功能一致性要求

(1)当系统中的功能点具有相同性或相似性时,界面提供给用户的操作逻辑应保持一致,例如选择行政区划时,操作逻辑应为先省、后市、再区县。

(2)当系统中的功能点具有相同性或相似性时,界面提供给用户的操作方式应保持一致,例如选择行政区划时,统一使用树状结构。

(3)当系统中的功能点具有相同性或相似性时,界面提供给用户的布局方式应保持一致,例如选择行政区划时,分别代表省、地州、区县的控件应按照同一个布局模式进行排列。

10.7 系统支持性要求

(1)系统分辨率应支持1024*768及以上的自适应转换。

(2)系统应对系统的最大化和缩放进行自适应处理。

(3)系统应支持Chrome、IE11等支持HTML5的浏览器。

12　云南省地质环境信息系统集成技术要求

云南省地质环境信息系统集成中各个信息系统基于统一开发框架进行开发,在系统开发过程中必须遵循集成技术要求。《云南省地质环境信息系统集成技术要求》从系统集成工作要求、单点登录集成规范、系统集成提交材料清单等方面对系统集成工作进行了规范。

12.1　系统集成工作要求

12.1.1　总体要求

(1)使用最新的统一开发框架。
(2)按照制定的开发核心标准进行开发。
(3)编制符合模板要求的数据字典。
(4)编制符合要求的文档并录制符合要求的视频,要严格按照要求的格式进行编制或录制,包括排版、字体、字号、录像格式等。
(5)系统试集成以及系统集成时,需要提供系统的源代码、执行程序、数据字典文档、数据库建库建表脚本、数据库初始化脚本、数据库备份等文件,并提供系统安装配置以及初始化说明文档。

12.1.2　集成要求分述

12.1.2.1　开发框架

根据最新的统一开发框架和框架使用说明文档,按照"系统集成操作步骤"的要求,更新最新的框架到开发项目中。注意更新前做好文件的备份。更新时如有必要,可以比较文件内容的差异。如果"系统集成操作步骤"文档中的截图和说明与最新的开发框架冲突,以开发框架中的配置和说明为准。

框架所涉及到的数据库的修改,可以在随框架发布的 SQL 目录下找到建表脚本和初始数据脚本,以用来更新数据库。注意:不要直接在业务数据库上执行该脚本(因为该脚本是数据库初始化脚本,不是数据库更新脚本),可以建立一个单独的临时用户,然后使用这个用户登录,再执行脚本初始化,最后比较这两个库的差异,再进行数据库更新。更新前做好数据库的备份。强烈建议使用最新的开发框架进行一次更新,否则积累到最后再更新会出现不必要的麻烦。

如果在更新框架后,出现编译问题或其他运行问题,请先行调试,找出问题原因所在,如果无法解决,请与系统集成单位联系。注意在解决问题时,不要修改框架代码,如果确认是开发框架的问题,请联系系统集成单位进行修改。

在利用框架开发的过程中,一定要遵守约定的开发规范。开发规范包括编码规范、页面设计规范、CSS 和 JAVASCRIPT 使用规范、命名规范等。

项目开发完成后,需要提供数据库建表脚本和数据库数据初始化脚本,这些 SQL 脚本应该包含在各自的项目中。

12.1.2.2 单点登录

在开发的过程中可以无须考虑单点登录,直接将 nacos common-dev.yaml 中 shiro 节点的 type 子节点值设为默认的 local,可利用框架自带的登录页面登录。待集成时,再将 type 配置为 cas 单点登录模式。

12.1.2.3 权限控制

对于统一开发框架,需要在菜单管理模块中,登记各菜单(仅限叶子节点)的权限,格式为"工程代码.模块代码:功能代码",例如 system.user:add。用户在访问系统时,会自动检测权限,如果权限没有登记,会有错误提示信息。

12.1.2.4 日志记录

对于统一开发框架,日志是利用 AOP 自动记录到数据库中的,日志记录的规则有:

拦截 Service 层,需要记录日志的方法名必须以 add、create、update、modify、delete、remove 开头。

12.1.2.5 异常处理

统一开发框架实现了异常信息的自动记录,大多数异常都可以知道是哪个子系统抛出。由此可以根据异常信息找到对应的开发单位来进行处理。

框架中的异常主要包括页面参数校验异常和运行时异常(也就是错误),其中 IllegalArgumentException 异常是由程序员抛出的,属于页面参数传递错误异常。开发时,如果是业务逻辑出错,应该抛出 RuntimeException 异常。异常管理模块中的异常是利用 log4j 组件自动记录的,通过扩展 JDBCAppender 实现异常记录到数据库中,只记录运行时异常(也就是错误)。

12.1.2.6 事务处理

事务处理由框架自动完成,但是开发时也要满足一定的规则。

(1)事务处理统一由 spring 来管理。

(2)拦截 Service 层,需要自动事务处理的方法名必须以 create、update、delete、add、remove、save、modify 开头。

(3)如果有多步的数据库操作,尽量将其写在 Service 层的同一个方法体中,以便自动进行事务处理。不要在 Action 中进行多步的数据库操作。

(4)由于 spring 处理事务的机制原因,在用到事务处理的方法中请不要用 try{}catch{} 来捕获异常,否则事务处理将失效。

12.1.2.7　用户输入检查

（1）对于控件的可输入字符长度的控制。在提交表单时调用 validate 方法，并在方法中加入 rules 参数，rules 参数为 JSONObject 结构体，在里面设置具体的 key:value 即可。key 代表页面中输入控件的 name 值，value 代表具体校验规则。

（2）对于控件的输入内容的控制。通过设置 check 和 warning 属性再配合 js 脚本来实现，check 属性是一个正则表达式，用来验证控件内容，warning 属性是输入不正确时的弹出提示信息。使用示例如下：

```
$("#form-member-edit").validate({
    rules:{
        landslideName:{required:true,maxlength:250}
    },
    submitHandler:function(form){
        var reg=/\s/;//不能包含空格
        if(reg.test($('#dataWordCode').val())){
            toastr.warning('数据项中编码不能包含空格！');
            return false;
        }
        //提交请求到服务端
    }
})。
```

12.1.2.8　利用名词术语字典

利用名词术语字典，可以将系统中出现的名词术语自动进行解释，还能将各种代码（即文字值）进行管理，自动生成需要的下拉列表。

12.1.2.9　系统运行环境要求

编制详细的系统安装、运行环境要求，提出系统安装、运行的详细软件和硬件需求以及配置说明文档。

12.1.2.10　系统集成提交材料

系统开发时要遵循系统开发规范、系统组件接口规范、系统集成规范、项目文档编制规范等规范，确保系统按照标准规范开发。系统试集成以及系统集成时，需要提供系统的源代码、执行程序、数据字典文档、数据库建库建表脚本、数据库初始化脚本、数据库备份等文件，并提供系统安装配置以及初始化说明文档。

12.1.3　系统集成记录规范

按照规范要求对系统进行集成，并做好系统集成工作记录，如表 12-1 所示。

表 12－1　系统集成过程记录表

项目名称				
集成日期				
集成单位				
项目负责人				
集成负责人				
负责人联系方式				
参与单位及集成人员				
使用框架				
集成内容	序号	内容	检查结果	说明
	1			
	2			
	3			
	4			
	5			
集成过程及效果描述	序号	集成过程	效果描述	
	1			
	2			
	3			
	4			
	5			
存在问题	序号	存在的问题		
	1			
	2			
	3			
	4			
	5			
集成后试运行情况				

12.2　元数据及数据字典规范

12.2.1　数据字典设计

数据文字值字典（ZDCB01A）、数据文件字典（ZDAA01A）、数据文件属性字典（ZDBA01A）、数据项关系字典（ZDGA01A）、空间数据图层及属性字典（ZDIA01A）、非空间数据字典（ZDIB01A）的结构见 5.3 节，其他数据字典的结构如下。

12.2.1.1 名词术语代码字典(ZDCA01A)

名词术语代码字典是对专有名词进行准确的解释,或者对专有名词进行引用来源说明,便于普通用户理解,其结构见表12-2和表12-3。

表12-2 名词术语代码字典库结构

数据表名	名词术语代码字典库	表编码	ZDCA01A	索引关键词					WORD_CODE	
字段代码	汉字名	数据项名称	数据类型	数据长度	小数位	单位	缺省值	空值	合法性检查	字段说明
ZDCA01A010	词语类别	WORD_CLASS	VC	20				N		
ZDCA01A020	词语子类	WORD_CHILD	VC	48						
ZDCA01A030	词语亚类	WORD_SUB	VC	64						
ZDCA01A040	词语汉字名	WORD_CHIN	VC	64						
ZDCA01A050	文字值	WORD_VALUE	VC	60						
ZDCA01A060	词语英译名	WORD_ENGL	VC	100						
ZDCA01A070	业务分类代码	WORD_CODE	VC	12						
ZDCA01A080	标准编码	GB_CODE	VC	12						
ZDCA01A090	标准代码来源	CODE_SOURC	C	1						code source G:国标; K:扩展代码
ZDCA01A100	代码编制日期	CODE_DATE	D	8						
ZDCA01A110	词语定义	WORD_DEFIN	VC	200						词语定义
ZDCA01A120	词语说明	WORD_CAPT	CLOB	4						
ZDCA01A130	释义根据	WORD_GIST	VC	60						词语解释的根据
ZDCA01A140	参考文献简名	BOOK_SHORT	VC	48						文献名用简名,并标明页码。有多种参考文献时,用逗号分开
ZDCA01A150	备注	WORD_NOTE	VC	60						
ZDCA01A160	附图及照片	GRAPH	BLOB	4						
ZDCA01A170	用户编号		VC	8						用户编号前几位对应用户分类编号
ZDCA01A180	用户分类编号		VC	6						

表 12－3　参考文献库结构

数据表名	参考文献库	表编码	ZDCA01B	索引关键词				BOOK_NAME	
字段代码	汉字名	数据项名称	数据类型	数据长度	小数位	单位	缺省值	空值	合法性检查	字段说明
ZDCA01B010	参考文献名	BOOK_NAME	VC	60				N	
ZDCA01B020	参考文献简名	BOOK_NAME1	VC	20					
ZDCA01B030	作者(或编者)	AUTHOR	VC	30					有多个作者时用逗号分开
ZDCA01B040	出版单位	PUBLI_UNIT	VC	40					
ZDCA01B050	出版日期	PUBLI_DATE	D	8					

12.2.1.2　系统菜单字典(ZDHA01A)

系统菜单字典主要用于系统菜单的生成,如表 12－4 所示。

表 12－4　系统菜单字典结构

数据表名	系统菜单字典	表编码	ZDHA01A	索引关键词				ZDHA01A020	
字段代码	汉字名	数据项名称	数据类型	数据长度	小数位	单位	缺省值	空值	合法性检查	字段说明
ZDHA01A010	菜单名	MENU_NAME	VC	100				N	
ZDHA01A020	菜单代码	MENU_CODE	VC	10				N	
ZDHA01A030	调用模块代码	MD_CODE	VC	10					
ZDHA01A040	备注	MDLZZ	VC	60					
ZDHA01A050	icon图标样式	ICON	VC	50					
ZDHA01A060	url调用地址	LINK1	VC	600					
ZDHA01A070	url1调用地址	LINK2	VC	100					
ZDHA01A080	target调用的目标窗口	TARGET	VC	40					
ZDHA01A090	param调用时传参	PARAM	VC	100					
ZDHA01A100	显示顺序	SHOW_INDEX	INT						

注:菜单代码以"M"开头,第二位表示一级菜单,第三位表示二级菜单,第四位为三级菜单(水平菜单),第五位为弹出菜单。所有各级菜单都按 A～Z 顺序编。

12.2.1.3 功能模块字典(ZDFA01A)

功能模块字典用于存放系统模块、子模块间调用关系、算法、源码以及输入和输出数据,由模块功能表(ZDFA01A)及模块输入/输出数据表(ZDFB01A)两个数据表组成,见表12-5所示。

表12-5 模块功能表结构

数据表名	模块功能表	表编码	ZDFA01A	索引关键词				MD_CODE	
字段代码	汉字名	数据项名称	数据类型	数据长度	小数位	单位	缺省值	空值	合法性检查	字段说明
ZDFA01A010	模块名	MD_NAME	VC	30				N	
ZDFA01A020	模块代码	MD_CODE	VC	10				N	
ZDFA01A030	功能	MD_FUNCDESC	VC	200				N	
ZDFA01A040	父模块代码	MD_PCODE	VC	10					如有多个父模块其间用"、"分隔
ZDFA01A050	调用子模块代码	MD_FUNCCALL	VC	100					如调用多个子模块其间用"、"分隔
ZDFA01A060	算法	ARITHMETIC	VC	500					
ZDFA01A070	流程逻辑	TECH_PROC	G	10					用于存放图形、图像、电子表格、声音等对象
ZDFA01A080	源码	SOUR_CODE	G	10					
ZDFA01A090	编译文件	TRAN_FILE	G	10					
ZDFA01A100	模块路径	MD_PATH	VC	30					
ZDFA01A110	备注	MDLZZ	VC	100					

12.2.1.4 行政区划代码字典(ZDDA01A)

行政区划编码规则参照"全国地质环境代码规则库编码规范"中"行政区划代码",其结构如表12-6所示。

表 12-6 行政区划代码表结构

数据表名	行政区划代码表	表编码	ZDDA01A	索引关键词				ADMI_CODE	
字段代码	汉字名	数据项名称	数据类型	数据长度	小数位	单位	缺省值	空值	合法性检查	字段说明
ZDDA01A010	行政区划代码	ADMI_NAME	VC	9				N	
ZDDA01A020	行政区划名	ADMI_CODE	VC	20				N	
ZDDA01A030	原行政区划代码		VC	9					
ZDDA01A040	原行政区划名		VC	50					

12.2.1.5 项目文档字典(ZDLA01A)

项目文档字典用来存放项目开发过程中的各种文档资料,其结构如表12-7所示。

表 12-7 项目文档字典表结构

数据表名	项目文档字典表	表编码	ZDLA01A	索引关键词				ZDLA01A020	
字段代码	汉字名	数据项名称	数据类型	数据长度	小数位	单位	缺省值	空值	合法性检查	字段说明
ZDLA01A010	项目名称		VC	60				N		
ZDLA01A020	项目代码		VC	20				N		
ZDLA01A030	承担单位		VC	60				N		
ZDLA01A040	单位代码		VC	20				N		
ZDLA01A050	项目负责人		VC	10				N		
ZDLA01A060	开始日期		D	8				N		
ZDLA01A070	完成日期		D	8				N		指验收日期
ZDLA01A080	合同		G	10						为各类文件内容。其中,如为委托项目投标标书为空,如无中间报告亦为空
ZDLA01A090	投标标书		G	10						
ZDLA01A100	设计		G	10						
ZDLA01A110	重要中间报告		G	10						
ZDLA01A120	成果报告		G	10						
ZDLA01A130	安装手册		G	10						
ZDLA01A140	用户手册		G	10						
ZDLA01A150	操作导航录像		G	10						
ZDLA01A160	备注		VC	300						

12.2.1.6 用户字典

用户字典用来存放用户账号及个人的基本信息,其结构如表 12-8 所示。

表 12-8 用户字典表结构

数据表名	用户字典表	表编码	ZDEA01A	索引关键词					ZDEA01A015
字段代码	汉字名	数据项名称	数据类型	数据长度	小数位	单位	缺省值	空值	合法性检查	字段说明
ZDEA01A015	用户账号	USERID	VC	10				N	
ZDEA01A025	用户编号	USERLIMITIS	C	5					
ZDEA01A030	密码	PASSWORD	VC	50				N	
ZDEA01A040	加密方式	P_MODE	N	1				N	
ZDEA01A050	密码检验	P_CHECK	N	2					
ZDEA01A060	登录时间	LOGINTIME	D	8					
ZDEA01A070	开始时间	BEGINTIME	D	8					
ZDEA01A080	结束时间	ENDTIME	D	8					
ZDEA01A090	总时间(小时)	TOTALTIME	N	8					
ZDEA01A100	使用状态	STATE	VC	20				N	0:禁用;1:启动
ZDEA01A110	用户单位	USER_UNIT	VC	40					
ZDEA01A120	行政区划码	DIVI_CODE	C	9					
ZDEA01A130	用户照片	USER_PHOTO	VC	20					
ZDEA01A112	单位代码		VC	12					
ZDEA01A114	人员编号		VC	30					
ZDEA01A115	文档管理员编号		VC	10					
ZDEA01A140	单位类型		N	1					
ZDEA01A150	所属部门 ID		VC	36					
ZDEA01A160	所属部门名称		VC	100					
ZDEA01A170	所属机构 ID		VC	36					
ZDEA01A180	所属机构名称		VC	100					
ZDEA01A190	用户类型		VC	20					系统管理员、操作员、审计员
ZDEA01A200	用户姓名		VC	30					
ZDEA01A210	出生日期		D	8					

续表 12-8

数据表名	用户字典表	表编码	ZDEA01A	索引关键词				ZDEA01A015	
字段代码	汉字名	数据项名称	数据类型	数据长度	小数位	单位	缺省值	空值	合法性检查	字段说明
ZDEA01A220	职务		VC	20						
ZDEA01A230	专业		VC	20						
ZDEA01A240	职称		VC	20						
ZDEA01A250	家庭地址		VC	200						
ZDEA01A260	电话		VC	20						
ZDEA01A270	手机		VC	12						
ZDEA01A280	E-Mail		VC	30						
ZDEA01A290	登陆 IP		VC	30						
ZDEA01A300	性别		VC	4						
ZDEA01A310	备注		VC	200						
ZDEA01A320	QQ		VC	20						
ZDEA01A330	是否已删除		VC	1						1:是;0:否

12.2.2 数据字典采集规范

数据字典包括数据文件字典、数据文件属性字典、数据文字值字典、名词术语代码字典、系统菜单字典、功能模块字典、模块输入输出字典、数据项关系字典、行政区划代码字典、项目文档字典、空间数据图层及属性字典和非空间数据字典。

数据字典的采集主要采取两种方式:自动采集和手工采集。自动采集主要是通过应用系统程序、数据库系统自动采集。手工采集方式为利用《数据字典填写规范及模板》以及《数据字典(示例数据)》(均为 Excel 文件),由各开发单位手工填写,汇总后利用"数据字典检查工具"软件检查提交经数据字典,有问题的数据字典及检查记录需返回给各单位进行整改,待检查后没有问题,再利用"数据字典检查工具"软件,将 Excel 文档数据字典中的数据信息导入数据库。

12.2.2.1 数据文件(属性)字典采集

(1)采用 DBMS 的触发器功能实现数据采集和更新功能。系统在初始化时通过字典数据采集表完成系统初始化,系统运行过程中,用户通过数据库管理工具修改了表结构信息,系统自动捕获这些操作,并更新这两个字典表中的数据。

(2)通过 Excel 数据字典导入。

12.2.2.2 名词术语代码字典采集

名词术语代码字典采集一部分数据由各开发单位提供名词术语以及解释,然后交由标准化词库建设单位统一标准化处理,最后由标准化词库建设单位维护更新名词术语代码字典。

12.2.2.3 数据文字值字典采集

(1)通过统一的数据文字值字典组件在各应用系统中的应用,用户在使用各应用系统时,能够发现数据文字值字典中的缺失项,并通过该组件录入数据文字值。

(2)通过 Excel 数据字典导入。

12.2.2.4 其他数据字典采集

系统菜单字典、功能模块字典、数据项关系字典、行政区划代码字典、项目文档字典、空间数据图层及属性字典、非空间数据字典均是通过 Excel 数据字典导入。

12.3 单点登录集成规范

12.3.1 单点登录技术介绍

单点登录是实现用户使用一套用户名和密码就能登录所有有权限访问的系统,不用在登录别的应用系统时重复输入用户名和密码进行认证,保持系统的风格不变、用户的权限不变。

在系统中设置一个 CAS(Central Authentication Service,中心认证服务,简称 CAS)统一认证中心,采用单点登录基础协议架构,如图 12-1 所示。CAS 统一认证中心采用耶鲁大学开源项目 CAS 实现。CAS 旨在为 Web 应用系统提供一种可靠的单点登录方法,支持非常多的客户端,这里指使用不同语言(如 Java、.NET、PHP 等)开发的需要使用单点登录的系统。

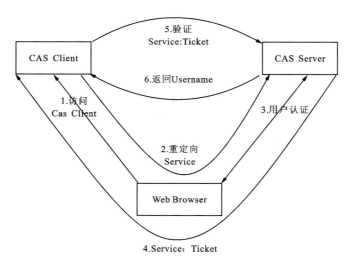

图 12-1 单点登录基础协议

12.3.1.1 CAS 简介

CAS 的目的就是使分布在一个企业内部各个不同异构系统的认证工作集中在一起,通过一个公用的认证系统统一管理和验证用户的身份。在 CAS 上认证的用户将获得 CAS 颁发的一个证书,使用这个证书用户可以在承认 CAS 证书的各个系统上自由穿梭访问,不需要再次地登录认证。打个比方:对于加入欧盟的国家而言,在他们国家的公民可以凭借着自己的身份证在整个欧洲旅行,不用签证。对于企业内部系统而言,CAS 就是这个颁发"欧盟"认证的系统,其他系统都是加入"欧盟"的国家,它们要共同遵守和承认 CAS 的认证规则。

因此 CAS 的设计愿景就是:①实现一个易用的、能跨不同 Web 应用的单点登录认证中心;②实现统一的用户身份和密钥管理,减少多套密码系统造成的管理成本和安全漏洞;③降低认证模块在 IT 系统设计中的耦合度,提供更好的 SOA 设计和更弹性的安全策略。

12.3.1.2 CAS 流程

图 12-2 所示为 CAS 认证流程,其中 CAS 相关部分被标示为蓝色。在这个流程中,员工 AT 向日志系统请求进入主页面,它的浏览器发出的 HTTP 请求被嵌入在日志系统中的 CAS 客户端(HTTP 过滤器)拦截,并判断该请求是否带有 CAS 证书;如果没有,员工 AT 将被定位到 CAS 的统一用户登录界面进行登录认证,成功后 CAS 将自动引导 AT 返回日志系统的主页面。

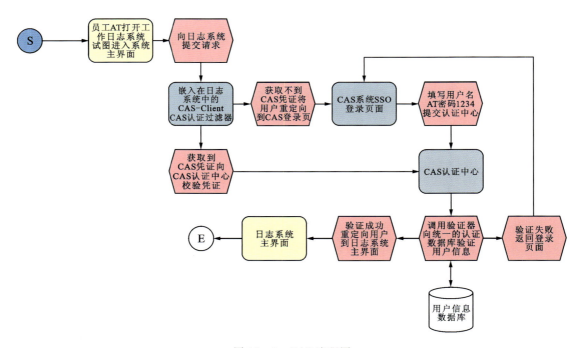

图 12-2 CAS 流程图

12.3.2 单点登录集成

12.3.2.1 集成方案

如图12-3所示,用户可以直接访问应用系统,应用系统在判断用户没有登录的情况下,将用户重定向到统一身份认证及授权管理系统的登录页面,用户输入用户名和密码进行登录认证,认证成功后,CAS统一认证中心将用户重定向到要访问的应用系统。

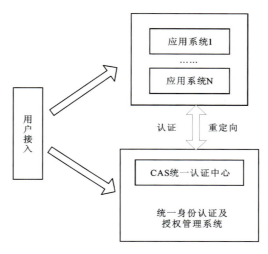

图12-3 单点登录系统结构

用户也可以直接访问统一身份认证及授权管理系统,系统在判断用户没有登录的情况下,则要求用户输入用户名和密码进行登录认证,认证成功后,显示子系统列表页面,用户点击任意子系统即可直接进入,无须再次在子系统中进行认证。

基于该方案集成,有如下要求:①对于已建的系统,需要按照统一身份认证及授权管理系统提出的规范要求进行系统改造。对于用户信息与统一身份认证及授权管理系统的用户不一致的情况需要按照要求进行用户映射;②对于新建的系统,则直接按照统一身份认证及授权管理系统提出的规范要求进行系统开发。

该方案支持JAVA、.NET、PHP等技术开发的应用系统改造。

12.3.2.2 集成目标

单点登录集成目标包括:①统一的单点登录和身份认证机制;②实现各系统的用户与统一身份认证及授权管理系统的用户同步。

12.3.2.3 基于统一开发框架的系统单点登录集成

对于使用统一开发框架进行开发的系统,实现单点登录集成不需要对系统进行改造。修改nacos中common-xx.yaml文件,将shiro节点的type子节点值改为cas即可。要集成的系统必须和统一开发框架中的cas-server部署在同一域下,比如使用nginx等。

12.3.2.4 异构系统单点登录集成及改造

对于新开发的系统,需要使用统一开发框架进行开发。采用统一开发框架开发的新系统,将不需要维护各自的用户信息,而是使用统一身份认证及授权管理系统提供的用户信息。使用统一身份认证及授权管理系统提供对应的单点登录开发配置文档,按照统一的开发规范即可实现单点登录功能。

对于已建的系统,由于用户由各系统单独管理,要将其整合进单点登录,则需要对该系统用户与使用统一省份认证及授权管理系统的用户一致处理,其处理方式有两种,即用户映射和用户同步。

12.3.2.5 用户映射

用户映射是将已建系统中的用户,根据其用户唯一 ID 与统一身份认证及授权管理系统用户唯一 ID 建立映射表(关联表)。通过建立用户映射表可以将已建系统用户和统一身份认证及授权管理系统用户关联起来,当经过单点登录认证之后,这些业务系统便可正确识别用户身份信息。用户映射表包含以下几个字段。

(1)UserID:统一身份认证及授权管理系统用户 ID。

(2)MappedUserID:映射的已建应用系统用户 ID。

(3)SystemID:已建应用系统的系统标识 ID,区分不同的已建应用系统。

登录用户在 CAS 统一认证中心认证后,由于登录时的用户与应用系统的用户之间存在映射关系,则可以利用应用系统中现有的用户和权限信息,不需要重新改造权限模块,但登录验证模块需要调整。

12.3.2.6 用户同步

用户同步是将已建系统中的用户与统一身份认证及授权管理系统中的用户之间进行同步,即在已建系统中增加、删除、修改用户时,需要调用认证中心系统提供的用户同步 API 进行用户信息的同步;在统一身份认证及授权管理系统中增加、删除、修改用户时,也需要通知已建系统将变化的用户信息同步到已建系统用户中。

统一身份认证及授权管理系统同步 API 以 Web 服务的方式提供,其同步事件包含增加用户、修改用户(用户基本信息修改、用户锁定/解锁、用户密码修改等)、删除用户 3 个部分。

登录用户在 CAS 统一认证中心认证后,由于登录时的用户与应用系统的用户是一致的,则可以利用应用系统中现有的用户和权限信息,不需要重新改造权限模块,但登录验证模块需要调整。

12.4 系统集成提交材料清单及示例脚本

12.4.1 材料清单

(1)按照要求提供字典数据,以 Excel 形式提供一版方便查看核对。

(2)上述步骤 1 中你的 Excel 中的字典数据转换为 sql 脚本提交,注意这里的字典是各自新增部分的脚本。

(3)业务库建表脚本和初始化脚本。

(4)安装包以及代码、部署以及配置说明。

12.4.2 示例脚本

12.4.2.1 业务数据库建表脚本

用户表

```
DROP TABLE ZDEA01A;
CREATE TABLE ZDEA01A
(
    ZDEA01A015 VARCHAR2(20) NOT NULL,--用户名称
    ZDEA01A025 CHAR(8),--用户编号
    ZDEA01A030 CHAR(32) NOT NULL,--密码
    ZDEA01A040 NUMBER(1) NOT NULL,--加密方式
    ZDEA01A050 NUMBER(2),--密码检验
    ZDEA01A060 DATE,--登录时间
    ZDEA01A070 DATE,--开始时间
    ZDEA01A080 DATE,--结束时间
    ZDEA01A090 NUMBER(8,2),--总时间
    ZDEA01A100 VARCHAR2(20) NOT NULL,--使用状态,0:禁用;1:启用
    ZDEA01A110 VARCHAR2(40),--用户单位,取值自 WSHA01A010 字段
    ZDEA01A120 VARCHAR2(9),--行政区划码
    ZDEA01A130 NVARCHAR2(36),--用户照片
    ZDEA01A112 VARCHAR2(12),--单位代码,取值自 WSFA01A000
    ZDEA01A114 VARCHAR2(30),--和 WSHA01A040 关联的编号
    ZDEA01A115 VARCHAR2(10),--文档管理员标识
    ZDEA01A140 NUMBER(1),--单位类型
    ZDEA01A150 VARCHAR2(36),--所属部门 ID
    ZDEA01A160 VARCHAR2(100),--所属部门名称
    ZDEA01A170 VARCHAR2(36),--所属机构 ID
    ZDEA01A180 VARCHAR2(100),--所属机构名称
    ZDEA01A190 VARCHAR2(20),--用户类型(系统管理员,操作员,审计员)
    ZDEA01A200 VARCHAR2(30),--用户姓名
    ZDEA01A210 DATE,--出生日期
    ZDEA01A220 VARCHAR2(20),--职务
    ZDEA01A230 VARCHAR2(20),--专业
    ZDEA01A240 VARCHAR2(20),--职称
    ZDEA01A250 VARCHAR2(20),--家庭地址
    ZDEA01A260 VARCHAR2(20),--电话
    ZDEA01A270 VARCHAR2(12),--手机
```

```
    ZDEA01A280 VARCHAR2(30), -- E-mail
    ZDEA01A290 VARCHAR2(30), --登陆 IP
    ZDEA01A300 VARCHAR2(4), --性别
    ZDEA01A310 VARCHAR2(200), --备注
    ZDEA01A320 VARCHAR2(30), -- QQ
    ZDEA01A330 VARCHAR2(2), --是否已删除:1:是,0:否
    PRIMARY KEY(ZDEA01A015)
);
ALTER TABLE ZDEA01A MODIFY ZDEA01A130 NVARCHAR2(100);
COMMENT ON TABLE ZDEA01A IS '用户表';
COMMENT ON COLUMN ZDEA01A.ZDEA01A015 IS '用户名称';
COMMENT ON COLUMN ZDEA01A.ZDEA01A025 IS '用户编号';
COMMENT ON COLUMN ZDEA01A.ZDEA01A030 IS '密码';
COMMENT ON COLUMN ZDEA01A.ZDEA01A040 IS '加密方式';
COMMENT ON COLUMN ZDEA01A.ZDEA01A050 IS '密码检验';
COMMENT ON COLUMN ZDEA01A.ZDEA01A060 IS '登录时间';
COMMENT ON COLUMN ZDEA01A.ZDEA01A070 IS '开始时间';
COMMENT ON COLUMN ZDEA01A.ZDEA01A080 IS '结束时间';
COMMENT ON COLUMN ZDEA01A.ZDEA01A090 IS '总时间';
COMMENT ON COLUMN ZDEA01A.ZDEA01A100 IS '使用状态';
COMMENT ON COLUMN ZDEA01A.ZDEA01A110 IS '用户单位';
COMMENT ON COLUMN ZDEA01A.ZDEA01A120 IS '行政区划码';
COMMENT ON COLUMN ZDEA01A.ZDEA01A130 IS '用户照片';
COMMENT ON COLUMN ZDEA01A.ZDEA01A112 IS '单位代码';
COMMENT ON COLUMN ZDEA01A.ZDEA01A114 IS '和 WSHA01A040 关联的编号';
COMMENT ON COLUMN ZDEA01A.ZDEA01A115 IS '文档管理员标识';
COMMENT ON COLUMN ZDEA01A.ZDEA01A140 IS '单位类型';
COMMENT ON COLUMN ZDEA01A.ZDEA01A150 IS '所属部门 ID';
COMMENT ON COLUMN ZDEA01A.ZDEA01A160 IS '所属部门名称';
COMMENT ON COLUMN ZDEA01A.ZDEA01A170 IS '所属机构 ID';
COMMENT ON COLUMN ZDEA01A.ZDEA01A180 IS '所属机构名称';
COMMENT ON COLUMN ZDEA01A.ZDEA01A190 IS '用户类型';
COMMENT ON COLUMN ZDEA01A.ZDEA01A200 IS '用户姓名';
COMMENT ON COLUMN ZDEA01A.ZDEA01A210 IS '出生日期';
COMMENT ON COLUMN ZDEA01A.ZDEA01A220 IS '职务';
COMMENT ON COLUMN ZDEA01A.ZDEA01A230 IS '专业';
COMMENT ON COLUMN ZDEA01A.ZDEA01A240 IS '职称';
COMMENT ON COLUMN ZDEA01A.ZDEA01A250 IS '家庭地址';
COMMENT ON COLUMN ZDEA01A.ZDEA01A260 IS '电话';
COMMENT ON COLUMN ZDEA01A.ZDEA01A270 IS '手机';
COMMENT ON COLUMN ZDEA01A.ZDEA01A280 IS 'E-mail';
```

COMMENT ON COLUMN ZDEA01A.ZDEA01A290 IS '登陆 IP';
COMMENT ON COLUMN ZDEA01A.ZDEA01A300 IS '性别';
COMMENT ON COLUMN ZDEA01A.ZDEA01A310 IS '备注';
COMMENT ON COLUMN ZDEA01A.ZDEA01A320 IS 'QQ';
COMMENT ON COLUMN ZDEA01A.ZDEA01A330 IS '是否已删除';

12.4.2.2　业务数据初始化脚本

初始化(系统列表)

insert into ZDHA01A values ('防治综合管理系统', 'MJA', 'G', '地质灾害防治综合管理', null, '#', null, '_blank', null, 1);

insert into ZDHA01A values ('应急指挥支撑系统', 'MJD', 'G', '应急指挥及远程会商', null, '#', null, '_blank', null, 2);

insert into ZDHA01A values ('应急桌面推演系统', 'MJE', 'G', '应急桌面推演', null, '#', null, '_blank', null, 3);

insert into ZDHA01A values ('应急值班管理系统', 'MXA', 'G', '应急值班管理', null, '#', null, '_blank', null, 4);

insert into ZDHA01A values ('地质灾害气象预报系统', 'MXB', 'G', '地质灾害气象预警预报', null, '#', null, '_blank', null, 5);

insert into ZDHA01A values ('基础调查管理系统', 'MXC', 'G', '地质灾害基础调查', null, '#', null, '_blank', null, 6);

insert into ZDHA01A values ('治理工程管理系统', 'MXE', 'G', '地质灾害治理工程', null, '#', null, '_blank', null, 7);

insert into ZDHA01A values ('搬迁避让管理系统', 'MXF', 'G', '地质灾害搬迁避让管理', null, '#', null, '_blank', null, 8);

insert into ZDHA01A values ('地质灾害监测预警系统', 'MXG', 'G', '地质灾害防治综合管理', null, '#', null, '_blank', null, 9);

insert into ZDHA01A values ('信息服务发布系统', 'MGD', 'G', '信息服务发布', null, '#', null, '_blank', null, 10);

insert into ZDHA01A values ('安全防护体系管理系统', 'MGA', 'G', '实现省、市、县系统用户管理及权限分配。', null, 'frame://http://localhost:8888/DMGeoSecurity', null, '_blank', null, 30);

12.4.2.3　数据字典初始化脚本

数据字典初始化脚本,注意数据字典是针对各自新增数据字典的初始化脚本。数据文字值元数据附表如下。

insert into ZDCB01B values ('GCJLGC', 'A', '倾倒式', null, null);
insert into ZDCB01B values ('GCJLGC', 'B', '滑移式', null, null);
insert into ZDCB01B values ('GCJLGC', 'C', '鼓胀式', null, null);
insert into ZDCB01B values ('GCJLGC', 'D', '拉裂式', null, null);
insert into ZDCB01B values ('GCJLGC', 'E', '错断式', null, null);
insert into ZDCB01B values ('GCHBHR', 'A', '拉张裂缝', null, null);
insert into ZDCB01B values ('GCHBHR', 'B', '剪切裂缝', null, null);
insert into ZDCB01B values ('GCHBHR', 'C', '地面隆起', null, null);

insert into ZDCB01B values ('GCHBHR', 'D', '地面沉降', null, null）；
insert into ZDCB01B values ('GCHBHR', 'E', '剥、坠落', null, null）；
insert into ZDCB01B values ('GCHBHR', 'F', '树木歪斜', null, null）；
insert into ZDCB01B values ('GCHBHR', 'G', '建筑变形', null, null）；
insert into ZDCB01B values ('GCHBHR', 'H', '冒渗浑水', null, null）；
insert into ZDCB01B values ('GCBGCC', 'A', '层理面', null, null）；
insert into ZDCB01B values ('GCBGCC', 'B', '片理或劈理面', null, null）；
insert into ZDCB01B values ('GCBGCC', 'C', '节理裂隙面', null, null）；
insert into ZDCB01B values ('GCBGCC', 'D', '覆盖层与基岩接触面', null, null）；
insert into ZDCB01B values ('GCBGCC', 'E', '层内错动带', null, null）；
insert into ZDCB01B values ('GCBGCC', 'F', '构造错动带', null, null）；
insert into ZDCB01B values ('GCBGCC', 'G', '断层', null, null）；
insert into ZDCB01B values ('GCBGCC', 'H', '老滑面', null, null）；

13 云南省地质环境信息化建设项目专题符号建设技术要求

《云南省地质环境信息化建设项目专题符号建设技术要求》规定了云南省地质环境信息化建设项目的专题符号库符号编码原则、符号库建设，适用于云南省地质环境信息化建设项目专题图符号库制作。

13.1 符号编码原则

13.1.1 具体原则

（1）相对稳定性。符号分类体系选择各要素最稳定的特征和属性作为分类依据，能在较长时间内不发生重大变更。

（2）完整性和可扩展性。符号分类体系覆盖已有专题符号要素类型，既反映要素的类型特征，又反映要素的相互关系，具有完整性。

（3）科学性、系统性。符号编码原则以适应数据库和地理信息技术应用和管理为目标，按照地质行业数据的属性或特征，参照国家标准或者行业标准进行分类，形成系统的符号体系。

（4）适用性。符号名称尽量沿用习惯名称，不致发生概念混淆。编码尽可能简短和便于记忆。

13.1.2 符号编码方法

13.1.2.1 基本编码方法

符号编码方案采用三级编码规则，即类、亚类和符号序号3级，共计7位数字编码，分别用数字顺序排列。其中，"类"代表每一专题图下的各地质符号，由专题编码号段确定，用编码的第一、第二位表示；"亚类"代表各地质符号的次一级符号类型，根据实际情况（或行业标准）按划分顺序依次排序，用编码的第三、第四位表示；最后3位则表示每一亚类地质符号的次一级符号的排序。

具体编码方法如图13-1所示。

13.1.2.2 专题编码号段

根据本次项目的实际情况，按照不同专题内容，分别为基础地质、地质灾害、地下水、地

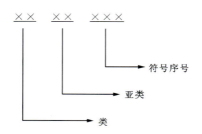

图 13-1 基本编码方案示意图

质遗迹（地质公园）、矿山地质环境等专题分配不同编码号段，实现同步编码，统一处理方案。每一编码号段即为"类"的编码。具体号段如表 13-1。

表 13-1 专题编码号段

专题	"类"编码号段
基础地质	00～19
地质灾害	20～29
地下水	30～39
地质遗迹（地质公园）	40～49
矿山地质环境	50～59
主要城市地质	60～79
地热资源	80～89
宝玉石	90～93
其他	94～99

各专题符号基于本符号编码原则，参考国家标准或行业标准，结合此次项目的实际情况，完成对"类""亚类"的划分。

以"基础地质"为例进行详细说明。

首先，确定"类"编码。"基础地质"所分配号段为00～19，即"类"编码00～19代表基础地质。根据《地质矿产图示图例》中基础地质的分类方法，将基础地质内容分为地质体单位、地质构造、岩石符号等15类，分别以01、02、03、…、15顺序排列，16～19为"基础地质"的预留号段。如表13-2所示。

其次，确定"亚类"编码。"亚类"为"类"符号下的次一级符号，用第三、四位数表示。例如，按《地质矿产图示图例》的亚类划分方法，可将"类"编码为"02"的"地质构造"细分亚类如下："地质界线、地质体接触界线符号""地质体产状及变形要素符号""断层符号""褶皱符号填图尺度或专门构造图上使用""褶皱符号露头尺度或一般地质图上使用""火山构造符号""岩体构造及其他构造"，共7个亚类，对其分别顺序编号为01～07。

表 13－2　基础地质符号分类及编码表

基础地质符号分类	类编码
地质体单位	01
地质构造	02
岩石符号	03
常用岩石代码、代号及符号	04
主要矿物和特殊矿石(岩层)名称代号及符号	05
常见矿物、特殊矿石、矿体、矿层名称代号及符号	06
沉积岩相建造、成岩构造及第四纪沉积物成因类型代号及符号	07
地质观测点、标本、样品采集点及其他符号	08
勘查工程代号及符号	09
颜色表示矿产符号	10
花纹图案矿产符号	11
矿物元素符号,矿物名称代号,岩石名称代号表示矿产的符号	12
矿床成矿时代及成因类型符号	13
成矿规律及成矿预测图符号	14
常用地貌类型符号	15

再次,确定"符号序号"编码。在亚类之后为符号序号,共 3 位数,为每一个符号定义一个序号。如"实测整合岩层界线"的"符号序号"为"001","推测整合岩层界线"的符号序号为"002",以此类推。

最后,按照"类""亚类""符号序号"的顺序进行组合,获得最终的符号编码。如,"实测整合岩层界线"的符号编码为"0201001"。

13.1.2.3　编码实施

地质行业信息化建设中,积累了大量的地质环境基础数据,其对应的符号则更为繁杂庞大,因此地质符号库的建设需要群策群力才能保证顺利完成。符号编码具体实施工作,由其对应的专题数据处理单位负责,并保证数据、符号与符号编码的一致性。

13.2　符号表达

13.2.1　一般规定

符号库格式为 *.style。
符号尺寸值以毫米(mm)为单位。
符号在专题图中采用红、绿、蓝(RGB)三色进行设色。

13.2.2　Style 文件夹命名要求

Style 文件中,符号以编码命名。如图 13-2 所示,"实测性质不明断层"的编码为"0302001","推测性质不明断层"的编码为"0302002",则符号库中,二者的符号均以其对应的符号编码命名。

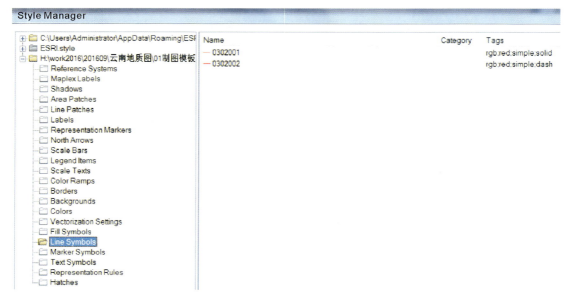

图 13-2　Style 文件命名规则示例

13.2.3　符号制作

13.2.3.1　二维符号库制作方法

ArcGIS 中制作二维符号库的方法可归结为以下 4 种:①基于 ArcMap 中已有符号制作符号库;②基于图片制作符号库;③基于 TrueType 字体制作符号库;④多种方式组合制作符号。

不论采用上述何种方法进行符号制作准备,最终都需要在 ArcMap 中 Style Manager 进行符号制作。您可以打开 ArcMap,从菜单 Tools→Entensions→Style Manager 进入,如图 13-3 所示。

13.2.3.2　基于 ArcMap 中已有符号制作符号库

ArcMap 中最常用的符号有点符号(Marker Symbol)、线符号(Line Symbol)、面符号(Fill Symbol)、文本符号(Text Symbol)。在 Style Manager 中创建新的符号库文件,或打开已经存在的符号库,然后分别选择点、线、面符号类型进行符号制作和组合,即可完成基于 ArcMap 中已有符号库的。

(1)点符号。二维的标记符号主要分为以下 4 种。

13 云南省地质环境信息化建设项目专题符号建设技术要求

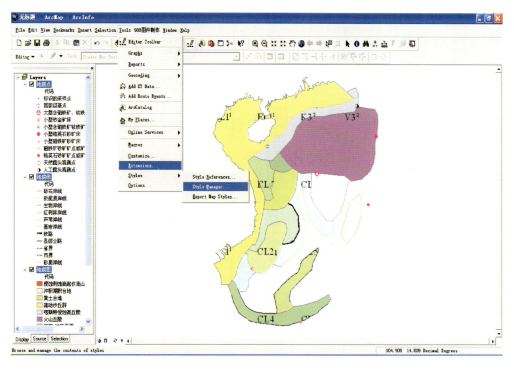

图 13-3 Style Manager 符号制作界面

简单标记符号：由一组具有可选轮廓的快速绘制基本字形模式组成的标记符号，如图 13-4 所示。

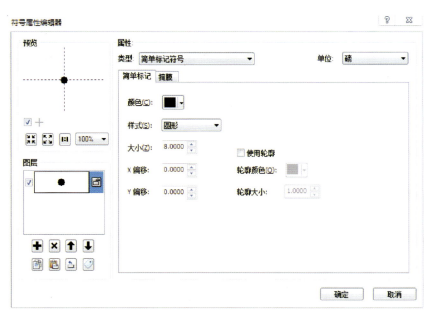

图 13-4 简单标记符号属性编辑

字符标记符号：通过任何文本中的字形或系统字体文件夹中的显示字体创建而成的标记符号。此种标记符号最为常用，也最为有效，字体标记符号可以制作出比较符合真实情况的点符号，常用于 POI（兴趣点）符号的制作。它是基于字体库文件（.ttf）的基础进行制作、编辑，如图 13-5 示。

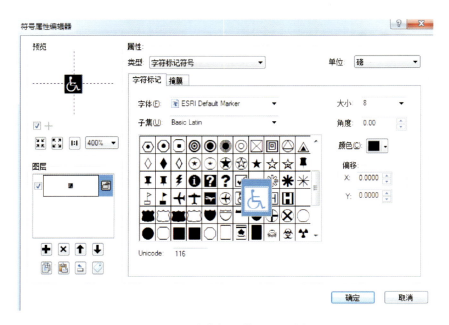

图 13-5　字符标记符号属性编辑

箭头标记符号：具有可调尺寸和图形属性的简单三角形符号。若要获得较复杂的箭头标记，可使用 ESRI 箭头字体中的任一字形创建字符标记符号，如图 13-6 所示。

图片标记符号：由单个 Windows 位图（.bmp）或 Windows 增强型图元文件（.emf）图形组成的标记符号，如图 13-7 所示。Windows 增强型图元文件与栅格格式的 Windows 位图不同，属于矢量格式，因此其清晰度更高且缩放功能更强。

（2）线符号。线状符号是表示呈线状或带状分布的物体。对于长度依比例线状符号，符号沿着某个方向延伸且长度与地图比例尺发生关系，例如单线河流、渠道、水涯线、道路、航线等符号。制作线状符号时要特别注意数字化采集的方向，如陡坎符号。

在 ArcMap 中所有做好的线符号均存放在符号库下属的 Line Symbols 符号文件夹中。ArcMap 的符号样式管理（Style Manage）中提供了 5 种类型线状符号的制作方法，它们分别是 Cartographic Line Symbol、Hash Line Symbol、Marker Line Symbol、Picture Line Symbol 和 Simple Line Symbol。同样，线状符号的制作也针对常用的 Cartographic Line Symbol 展开。

首先，启动 ArcMap，如果未创建符号库，需要创建符号库；如果已经创建符号库，需要添加符号库。

其次，点击符号库名，接着再点击 Line Symbols 文件夹，然后在右边空白处单击鼠标右键，在弹出菜单中点击 New→Line Symbol，弹出 Symbol Property Editor 对话框。

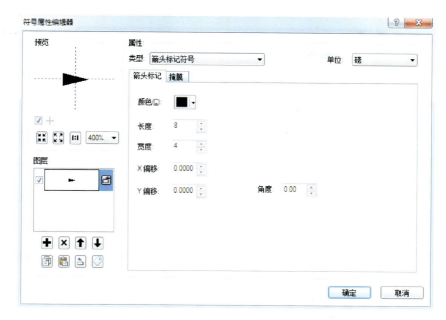

图 13-6　箭头标记符号属性编辑

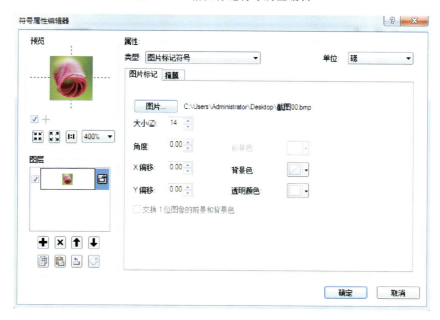

图 13-7　图片标记符号属性编辑

然后，在对话框的 Properties 栏的 Type 项选择 Cartographic Line Symbol。接下来与点状符号一样对各属性项进行设置，如图 13-8 所示。

模板标签：为那些需要周期出现的符号层创建一个共用符号层，即产生图 13-9 所示的效果。其中的间隔表示对话框中每个小方块所代表的标准尺寸，标尺中的黑色小格代表有图形，白色小格代表间隔，灰色小格代表所到长度为一个周期图案（间隔的单位是磅）。

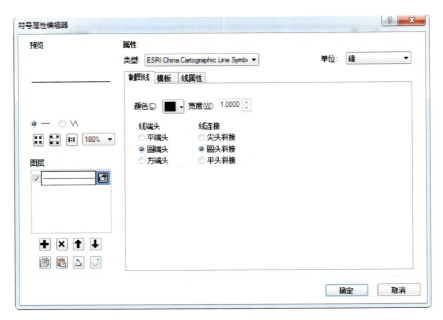

图 13-8　制图线选择

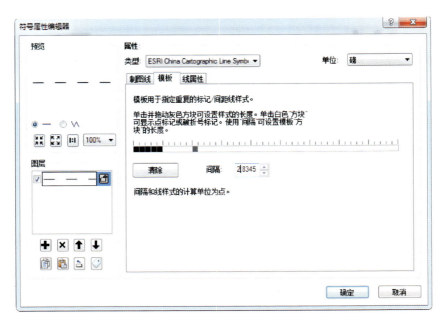

图 13-9　创建线模板

线属性标签：其中偏移是给定线段相对于原始位置的偏移量，线整饰是线段两端的样式选择，如箭头等，如图 13-10 所示。

最后，各属性项设置完毕按 ok 键，输入符号名称（Name）以及分类（Category），操作步骤（以国界为例）如图 13-11 所示。

13 云南省地质环境信息化建设项目专题符号建设技术要求

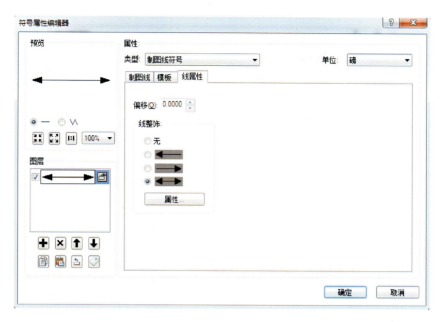

图 13-10 制图线属性编辑

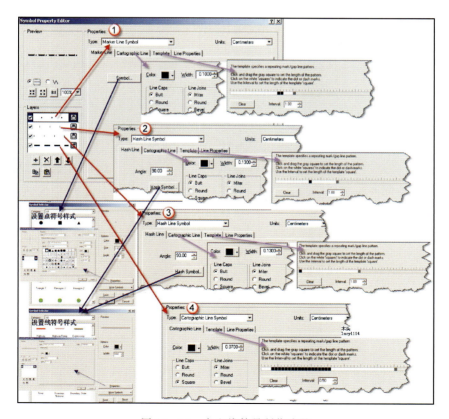

图 13-11 点和线符号制作步骤

(3)面符号。填充符号可用于绘制面要素,例如:国家/地区、省、土地利用区域等。填充可通过单色、两种或多种颜色之间平滑的梯度过渡效果或者线、标记或图片的模式进行绘制。同点符号的创建方法一样,面符号的创建与点符号的创建方式一样,不同之处是创建之前,要选择填充符号样式文件夹,如图13-12所示。

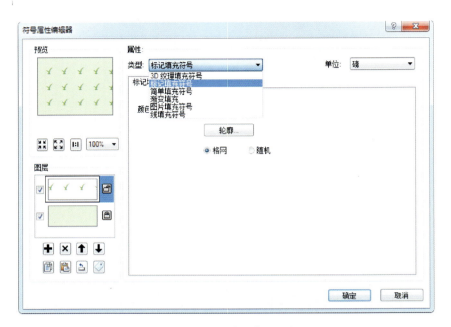

图13-12 面填充符号选择

由图13-12可见,面符号可分为6种类型,常用的有以下3种。

标记填充面符号(Marker Fill Symbol):Marker Fill Symbol将引用Style中的点符号,重复标记符号有随机或等间距模式。在标记填充符号编辑器中,选择图左边的格网为等距填充,选择图的右侧即可随机填充。其效果对比如图13-13所示。

图13-13 标记填充面符号样式对比

线填充面符号(Line Fill Symbol):以可变角度和间隔距离排列的等间距平行影线的模式,如图13-14所示。

简单充面符号(Simple Fill Symbol):轮廓可以自行选择地快速绘制单色填充,如图13-15所示。

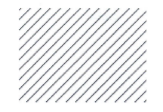 

图 13-14　线填充面符号样式　　　　图 13-15　简单充面符号样式

此外，还有图片填充面符号以及梯度填充面符号，图片填充面符号原理同图片填充线符号。梯度填充面符号是以线性、矩形、圆形或者缓冲区色带方式进行连续填充。

13.2.3.3　基于图片制作符号库

基于图片的符号制作支持 bmp 和 emf 两种格式的图片文件。在两种图片文件存在的情况下，到 Style Manager 中创建新的符号库文件，或打开已经存在的符号库，然后分别选择点、线、面的 Picture 符号类型添加图片为符号，即可完成基于图片进行符号库制作。

点符号（Marker Symbol）：Picture Marker Symbol 图片点符号。

线符号（Line Symbol）：Picture Line Symbol 图片线符号。

面状符号（Fill Symbol）：Picture Fill Symbol 图片填充符号。

注：emf 格式说明。

WMF：Windows 图元文件，"Windows 图元文件"是 16 位图元文件格式，可以同时包含矢量信息和位图信息。它针对 Windows 操作系统进行了优化。

EMF：增强型图元文件，"增强型图元文件"是 32 位格式，可以同时包含矢量信息和位图信息。此格式是对 Windows 图元文件格式的改进，包含了一些扩展功能，例如，下面的功能：内置的缩放比例信息·与文件一起保存的内置说明·调色板和设备独立性方面的。改进 EMF 格式是可扩展的格式，这意味着程序员可以修改原始规范以添加功能或满足特定的需要。

13.2.3.4　基于 TrueType 字体制作符号库

虽然 ArcGIS 自带了大量的符号库和符号，但是在实际应用中不一定能满足所有的需求，符号库的制作是以应用已有字体库为基础，当现有符号库不能满足需求的时候，首先要根据实际需求制作字体库。

这里用到的字体库文件制作工具为 Font Creator Professional Edition（＊.ttf）。其主要功能包括查看和编辑 True Type、Open Type 字体，创建新的符号或字体，修改单个字形的轮廓，调整字符距离，编辑修改字体名称和转换单个字符或整个字体等。Font Creator 界面如图 13-16 所示。

制作字体文件的步骤如下：

第一步，选择"文件"→"新建"，弹出"新建文件"对话框，在此选择符号字符集，新建一个空白的字体文件，如图 13-17 所示。

图 13-16 Font Creator 编辑器界面

图 13-17 新建字体

第二步,设置整个字体文件(.TTF)的大小。通过"格式"→设置打开字体设置对话框,在范围选项卡中,设置字体的附加度量,一般高度设置为 2048 比较适合,如图 13-18 所示,经过研究,字体大小与 Font Creator 中格式→设置→单位/(em)的值一致,即可保证 ArcMap 中字体大小为实际大小。

图 13-18　字体设置

第三步,创建与编辑字体符号。在建好的字体文件中,双击其中的一个方框,将弹出字符编辑窗口。字体库中符号的来源主要有两种:一种自己手动创建特定的字体,可通过在空白处右键单击选择"新建轮廓",另一种为在菜单中选择"插入"→"轮廓",或者是点击工具栏的 来绘制符号,如图 13-19 所示。

Font Creator 基于已有的 Sample 创建 Symbol 更高效,如图 13-20 所示。直接将界面中左边的示例符号拖拽到空白区域即可。在此基础上,可以再进行下一步编辑。

Font Creator 中主要通过制图工具条与字形工具条对符号进行基础编辑和高级编辑,如图 13-21 和图 13-22 所示。

另外,对于日常生活中约定俗成、大家都比较常见和熟悉的符号,可以下载各种图片格式,导入到 Font Creator 中。使用方法为:点击"工具",选择"导入图像",将选择的图片导入。导入图像对话框中,点击"生成"按钮,即完成了由图片转换成字体的过程,如图 13-23 所示。同样可以使用制图工具条与字形工具条对其进行进一步编辑工作,如图 13-24 所示。

第四步:框选该字体符号后,按快捷键 F6,弹出转换对话框,在该对话框中可设置改字体的大小、位置或者其他的调整,如图 13-25 所示。

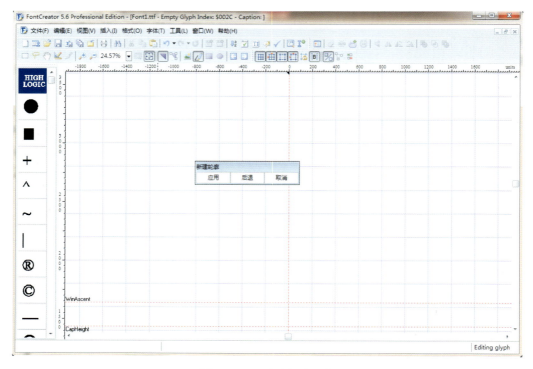

图 13-19　手动新建字体

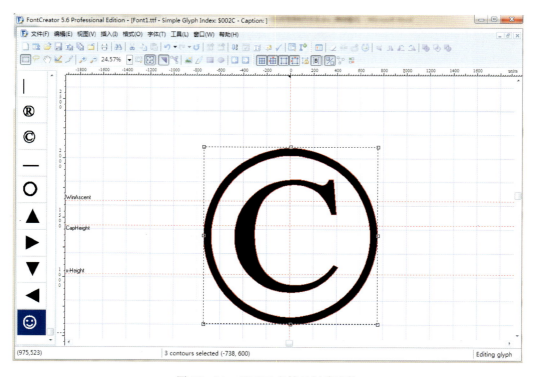

图 13-20　基于已有符号创建字体

图 13-21 制图工具条工具箱

图 13-22 字形工具条工具箱

图 13-23 导入图片符号

第五步：右键单击该字体属性菜单，在弹出的属性对话框中，点击"常规"选项，可以添加或生成字符名称，如图 13-26 所示。点击"映射"选项，为字符添加映射值，如图 13-27 所示。这个步骤不可缺少，因为该映射值类似于唯一关键字，如果为空，在 AcrGIS Style Manager 样式编辑器的 Font 栏，是无法查看与引用该字体符号的。

第六步：完成该字符编辑后，将字符编辑窗口关闭。这时代表字符方框的左上角显示的字符已经由灰色变为绿色，表明当前位置中已经有字体。待所需字体全部制作完毕后，按下"保存"按钮，一个自定义字体即完成。

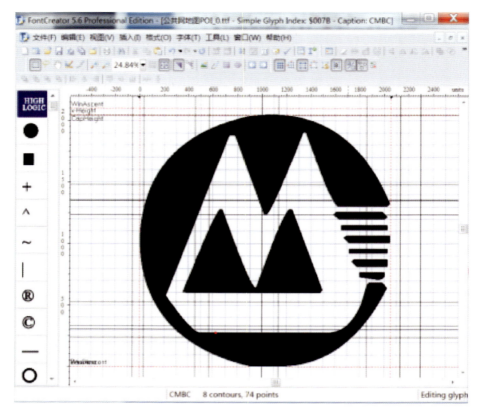

图 13-24 编辑图片符号

图 13-25 字体大小和位置设置

第七步:字体库安装,在 Windows 7 中,字体库的安装有 3 种方式,可以直接右键单击该字体文件,选择安装菜单即可;或者直接将该字体文件拷贝到 c:\windows\fonts 中。也可以在 font creator 中,直接选择"字体"→"安装"。安装完成之后,就可以作为 ArcGIS 的字符标记符号来使用。

图 13-26　选择或生成字符名称

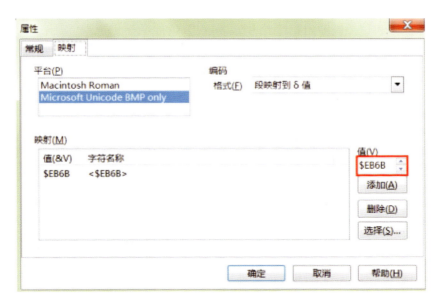

图 13-27　添加字符映射值

13.2.3.5　多种方式组合制作符号

基于上述 3 种符号制作方法,还可以任意组合不同的制作方法来制作不同的符号库。

14 云南省地质环境专题图件配图切片服务发布技术要求

《云南省地质环境专题图件配图切片服务发布技术要求》是云南省地质环境信息化建设工作中数据表达和应用的重要环节,其规定了地质环境信息化建设中,地质环境专题图件配图和切片服务发布的技术要求。

14.1 一般规定

(1)数据文件分类、命名规则严格按照《云南省地质环境代码规则库编码规范》和《云南省地质环境数据采集、存储、处理、汇交规范》中的规定和要求分类、编码、命名、存储。

(2)地图配图和切片服务的操作均选用 ArcGIS 软件平台。

(3)各类来源的专题地图经矢量化、格式转换后,统一采用文件地理数据库(File Geodatabase,即 FGDB)格式存储。

14.2 数据准备

(1)地图数据建库:在入库之前,在磁盘指定位置新建一个 FGDB。需要注意的是,空间数据库的名称不能以数字开头。

(2)地图数据入库:建库后,将原始数据导入到新建 FGDB 中。

(3)数据预处理:通过数据格式转换、地图投影变换、要素空间处理(融合,剪切,拼接,合并等)、要素拓扑关系、要素的属性信息编辑修改等操作对地图进行清理和预处理。

(4)数据汇总合并:同名同类专题地图数据以州市、县等行政区划单位存储的,包括部分行政区划范围数据缺失的,必须统一以省级为单位进行图层汇总合并。

14.3 符号样式库

(1)符号库统一采用"tif"格式的 Windows 矢量字体库文件格式制作,并以专题图图面要素为单位,按照《云南省地质环境代码规则库编码规范》的要求对相应要素符号进行编码命名。

(2)样式库统一采用"Style"文件格式制作,并以专题图图面要素为单位,按照《云南省地质环境代码规则库编码规范》的要求对相应要素线样式、面样式进行编码命名。

(3)符号库文件和样式库文件必须与对应专题地图数据存放在同级根目录下存储和分发。

14.4 地图配图

(1)建立地图配图工作空间:配置专题地图工作空间参考参数、地图单位等信息。

(2)安装符号样式库:将对应的专题地图符号样式库复制到 ArcGIS 对应样式目录下,并在 ArcMap 中安装。

(3)属性处理:在对应配图图层的属性列中增加"BM"(编码)字段,按照《云南省地质环境代码规则库编码规范》中的规定,填写对应的要素编码。

(4)样式装配:加载入库后的专题地图,各图层要素将根据样式编码自动挂接装配显示相应符号样式。

(5)文字标注及注记:按照专题图要素特征和专题特征,应用标准标注和 Maplex 标注方法,还原显示文字注记。

(6)配图整饰优化:对图面中层次顺序、叠压关系进行图层顺序调整,对图廓、注记、文字标注方向等进行图面整饰调整。一般顺序位为"注记"(9)、"点"(0)、"线"(1)、"面"(2)。图元编码规则具体参考表 14-1。

表 14-1 专题地图空间图形数据库图元类型代码表

代码	比例尺级别
0	点
1	线
2	面
9	注记

(7)图层比例尺可视范围设置:配置专题图比例尺应严格依据各专题《空间图形数据库图层划分方案》中的比例尺定义设置可视比例范围。可视比例尺范围最小比例尺应不超过数据源比例尺对应的切片比例尺,最大比例尺应不超过数据源比例尺对应的切片比例尺的 2 倍。具体各类专题图比例设置规则参考表 14-2。

表 14-2 专题地图空间图形数据库比例尺代码表

代码	比例尺级别
A	1:100 万
B	1:50 万
C	1:25 万
D	1:10 万
E	1:5 万
F	1:2.5 万
R	1:20 万

(8)保存专题地图空间文件"mxd",并按照原专题图名命名。

14.5 切片服务发布规定

14.5.1 切片服务发布要求

(1)专题地图名称应为"中文",便于系统前端调用,如图14-1所示(注:不强制要求添加前缀数字编号)。

图14-1 专题地图名称

(2)专题地图服务应放在对应的文件夹里,如果没有文件夹需新建一个,如图14-2所示。

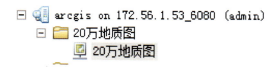

图14-2 专题地图服务文件夹

(3)专题地图项目描述。在服务属性中应注明"服务发布单位""数据处理单位",如图14-3所示。

14.5.2 切片发布步骤

瓦片规格为256×256,图像格式选用"PNG32"。

(1)打开对应的mxd文件,在File标签下,依次选择"Share As"→"Service",将地图保存为一个服务,如图14-4所示。

图 14-3 服务属性标注

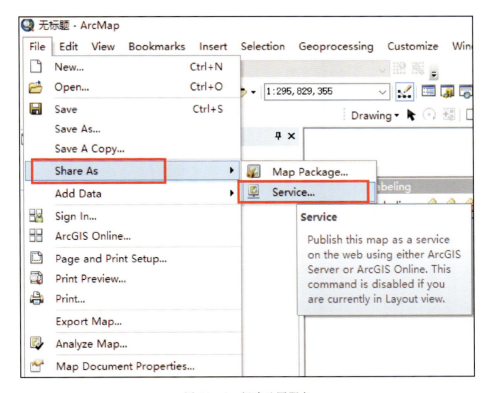

图 14-4 新建地图服务

(2)在弹出窗口中选择"Publish a service",发布该服务,如图 14-5 所示。

(3)选择 Server 服务器"arcgis on 172.56.1.53_6080",填写要发布的服务名称,如"20万地质图",如图 14-6 所示。

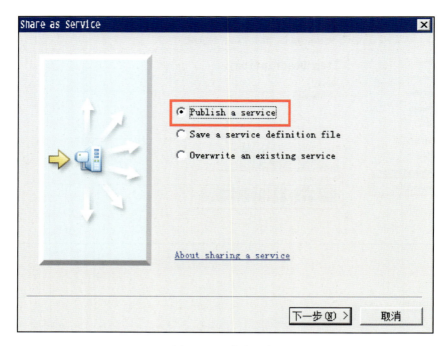

图 14-5　发布服务

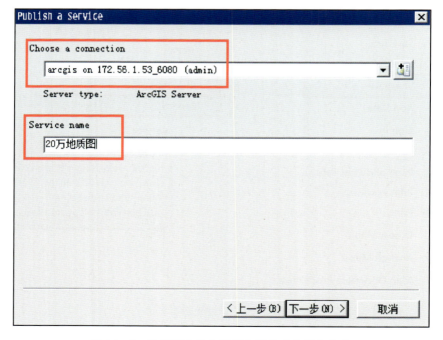

图 14-6　选择服务发布的服务器及确定服务名称

　　(4)选择服务存放的文件夹,首先查看"Use existing folder"中是否已经存在该专题所对应的文件夹;如果没有,则选择"Create new folder",创建新的文件夹如图 14-7 所示。

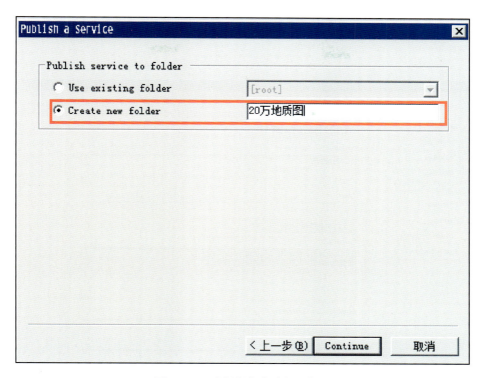

图 14-7 选择服务存放的文件夹

(5)"Caching"选项中需做以下设置,如图 14-8 所示。"Draw this map service"中选择"using tiles from a cache";在"tiling Scheme"中选择"A tiling scheme file"选择附件中的"云南自然资源厅切片方案 conf.xml"文件;切图级别根据实际需求选择。

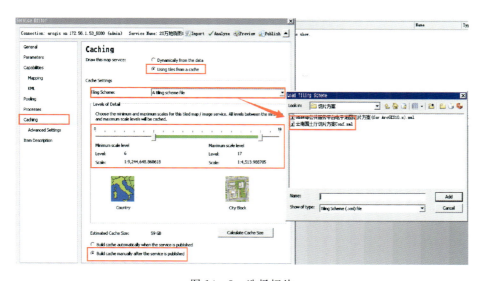

图 14-8 选择切片

(6)"Item Description"中"Description"中需说明"服务发布单位"和"数据处理单位",如图 14-9 所示。

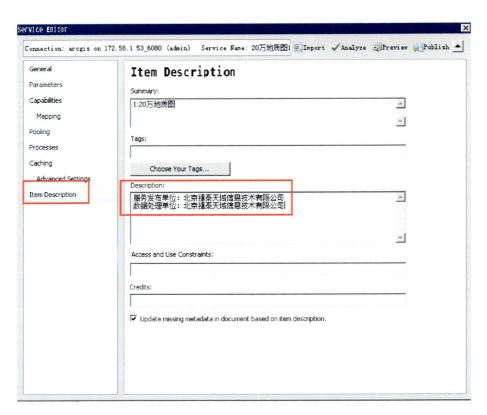

图 14-9　描述服务发布单位和数据处理单位

14.5.3　地图服务命名

地图服务的命名应统一采用专题地图的中文汉字全名。

14.5.4　切片方案选用

切片方案必须严格选用《切片配置文件 MapConfig.xml》文件导入,如下。

〈? xml version="1.0" encoding="utf-8"?〉

〈CacheInfo　　　　xmlns:xsi="http://www.w3.org/2001/XMLSchema-instance" xmlns:xs="http://www.w3.org/2001/XMLSchema" xmlns:typens="http://www.esri.com/schemas/ArcGIS/10.1" xsi:type="typens:CacheInfo"〉

　　〈TileCacheInfo xsi:type="typens:TileCacheInfo"〉

　　　〈SpatialReference xsi:type="typens:GeographicCoordinateSystem"〉

　　　〈WKT〉GEOGCS["GCS_China_Geodetic_Coordinate_System_2000",DATUM["D_China_2000",

SPHEROID["CGCS2000",6378137.0,298.257222101]],PRIMEM["Greenwich",0.0],UNIT["Degree",
0.0174532925199433],AUTHORITY["EPSG",4490]]</WKT>

   〈XOrigin〉-399.99999999999989〈/XOrigin〉

   〈YOrigin〉-399.99999999999989〈/YOrigin〉

   〈XYScale〉11258999068426.24〈/XYScale〉

   〈ZOrigin〉-100000〈/ZOrigin〉

   〈ZScale〉10000〈/ZScale〉

   〈MOrigin〉-100000〈/MOrigin〉

   〈MScale〉10000〈/MScale〉

   〈XYTolerance〉8.9831528411952117e-009〈/XYTolerance〉

   〈ZTolerance〉0.001〈/ZTolerance〉

   〈MTolerance〉0.001〈/MTolerance〉

   〈HighPrecision〉true〈/HighPrecision〉

   〈LeftLongitude〉-180〈/LeftLongitude〉

   〈WKID〉4490〈/WKID〉

   〈LatestWKID〉4490〈/LatestWKID〉

〈/SpatialReference〉

〈TileOrigin xsi:type="typens:PointN"〉

  〈X〉-180〈/X〉

  〈Y〉90〈/Y〉

〈/TileOrigin〉

〈TileCols〉256〈/TileCols〉

〈TileRows〉256〈/TileRows〉

〈DPI〉96〈/DPI〉

〈PreciseDPI〉96〈/PreciseDPI〉

〈LODInfos xsi:type="typens:ArrayOfLODInfo"〉

  〈LODInfo xsi:type="typens:LODInfo"〉

   〈LevelID〉0〈/LevelID〉

   〈Scale〉295829355.44999999〈/Scale〉

   〈Resolution〉0.70391441567318047〈/Resolution〉

  〈/LODInfo〉

  〈LODInfo xsi:type="typens:LODInfo"〉

   〈LevelID〉1〈/LevelID〉

   〈Scale〉147914677.72999999〈/Scale〉

   〈Resolution〉0.35195720784848755〈/Resolution〉

  〈/LODInfo〉

  〈LODInfo xsi:type="typens:LODInfo"〉

   〈LevelID〉2〈/LevelID〉

   〈Scale〉73957338.859999999〈/Scale〉

   〈Resolution〉0.17597860391234646〈/Resolution〉

  〈/LODInfo〉

```xml
<LODInfo xsi:type="typens:LODInfo">
  <LevelID>3</LevelID>
  <Scale>36978669.43</Scale>
  <Resolution>0.08798930195617323</Resolution>
</LODInfo>
<LODInfo xsi:type="typens:LODInfo">
  <LevelID>4</LevelID>
  <Scale>18489334.719999999</Scale>
  <Resolution>0.043994650989983917</Resolution>
</LODInfo>
<LODInfo xsi:type="typens:LODInfo">
  <LevelID>5</LevelID>
  <Scale>9244667.3599999994</Scale>
  <Resolution>0.021997325494991959</Resolution>
</LODInfo>
<LODInfo xsi:type="typens:LODInfo">
  <LevelID>6</LevelID>
  <Scale>4622333.6799999997</Scale>
  <Resolution>0.010998662747495979</Resolution>
</LODInfo>
<LODInfo xsi:type="typens:LODInfo">
  <LevelID>7</LevelID>
  <Scale>2311166.8399999999</Scale>
  <Resolution>0.0054993313737479897</Resolution>
</LODInfo>
<LODInfo xsi:type="typens:LODInfo">
  <LevelID>8</LevelID>
  <Scale>1155583.4199999999</Scale>
  <Resolution>0.0027496656868739948</Resolution>
</LODInfo>
<LODInfo xsi:type="typens:LODInfo">
  <LevelID>9</LevelID>
  <Scale>577791.70999999996</Scale>
  <Resolution>0.0013748328434369974</Resolution>
</LODInfo>
<LODInfo xsi:type="typens:LODInfo">
  <LevelID>10</LevelID>
  <Scale>288895.84999999998</Scale>
  <Resolution>0.00068741640982119374</Resolution>
</LODInfo>
<LODInfo xsi:type="typens:LODInfo">
```

```xml
  <LevelID>11</LevelID>
  <Scale>144447.92999999999</Scale>
  <Resolution>0.0003437082168079019</Resolution>
</LODInfo>
<LODInfo xsi:type="typens:LODInfo">
  <LevelID>12</LevelID>
  <Scale>72223.960000000006</Scale>
  <Resolution>0.00017185409650664595</Resolution>
</LODInfo>
<LODInfo xsi:type="typens:LODInfo">
  <LevelID>13</LevelID>
  <Scale>36111.980000000003</Scale>
  <Resolution>8.5927048253322974e-005</Resolution>
</LODInfo>
<LODInfo xsi:type="typens:LODInfo">
  <LevelID>14</LevelID>
  <Scale>18055.990000000002</Scale>
  <Resolution>4.2963524126661487e-005</Resolution>
</LODInfo>
<LODInfo xsi:type="typens:LODInfo">
  <LevelID>15</LevelID>
  <Scale>9028</Scale>
  <Resolution>2.1481773960635771e-005</Resolution>
</LODInfo>
<LODInfo xsi:type="typens:LODInfo">
  <LevelID>16</LevelID>
  <Scale>4514</Scale>
  <Resolution>1.0740886980317885e-005</Resolution>
</LODInfo>
<LODInfo xsi:type="typens:LODInfo">
  <LevelID>17</LevelID>
  <Scale>2257</Scale>
  <Resolution>5.3704434901589426e-006</Resolution>
</LODInfo>
<LODInfo xsi:type="typens:LODInfo">
  <LevelID>18</LevelID>
  <Scale>1128.5</Scale>
  <Resolution>2.6852217450794713e-006</Resolution>
</LODInfo>
<LODInfo xsi:type="typens:LODInfo">
  <LevelID>19</LevelID>
```

```
        〈Scale〉564.25〈/Scale〉
        〈Resolution〉1.3426108725397357e-006〈/Resolution〉
      〈/LODInfo〉
    〈/LODInfos〉
  〈/TileCacheInfo〉
  〈TileImageInfo xsi:type="typens:TileImageInfo"〉
    〈CacheTileFormat〉PNG32〈/CacheTileFormat〉
    〈CompressionQuality〉0〈/CompressionQuality〉
    〈Antialiasing〉false〈/Antialiasing〉
  〈/TileImageInfo〉
  〈CacheStorageInfo xsi:type="typens:CacheStorageInfo"〉
    〈StorageFormat〉esriMapCacheStorageModeCompact〈/StorageFormat〉
    〈PacketSize〉128〈/PacketSize〉
  〈/CacheStorageInfo〉
〈/CacheInfo〉
```

14.5.5 地图投影统一选择

"GCS_China_Geodetic_Coordinate_System_2000","EPSG",4490

14.5.6 地图比例尺选择

地图比例尺选择以最小比例尺且以能够显示全图为基准,最大比例尺依具体需求和实际数据而定,从小比例尺到大比例尺以2倍关系递增。具体分级见表14-3。

表14-3 比例尺级别分级表

级别	地面分辨率(m/像素)	切片比例尺	数据源比例尺
0	78 271.52	295 829 355.449 999 99	1∶100万
1	39 135.76	147 914 677.729 999 99	1∶100万
2	19 567.88	73 957 338.859 999 999	1∶100万
3	9 783.94	36 978 669.43	1∶100万
4	4 891.97	18 489 334.719 999 999	1∶100万或1∶50万
5	2 445.98	9 244 667.359 999 999 4	1∶100万或1∶50万
6	1 222.99	4 622 333.679 999 999 7	1∶50万
7	611.496 2	2 311 166.839 999 999 9	1∶50万或1∶25万
8	305.748 1	1 155 583.419 999 999 9	1∶50万或1∶25万
9	152.874 1	577 791.709 999 999 96	1∶25万、1∶20万
10	76.437	288 895.849 999 999 98	1∶25万、1∶20万

续表 14-3

级别	地面分辨率(m/像素)	切片比例尺	数据源比例尺
11	38.218 5	144 447.929 999 999 99	1∶10 万
12	19.109 3	72 223.960 000 000 006	1∶5 万
13	9.554 6	36 111.980 000 000 003	1∶5 万或 1∶2.5 万
14	4.777 3	18 055.990 000 000 002	1∶2.5 万
15	2.388 7	9028	1∶2.5 万或 1∶1 万
16	1.194 3	4514	1∶1 万
17	0.597 2	2257	1∶2000 或 1∶1000
18	0.298 6	1 128.5	1∶1000 或 1∶2000
19	0.149 3	564.25	1∶500 或 1∶1000

在服务属性中应注明"服务发布单位""数据处理单位"。

主要参考文献

三峡库区地质灾害防治工作指挥部,2008.三峡库区地质灾害预警指挥系统(GHPACS)集成设计及系统集成设计书[R].10:107-120.

中国地质环境监测院,2010.地质环境信息化建设数据库表结构规范[S].6.

中国地质环境监测院,2012.地质环境信息平台建设——地质环境信息化标准体系建设(2012年度)项目合同书[R].

中国地质环境监测院.地质环境信息系统内部网站.

中国地质环境监测院,2012.地质环境信息系统实施方案[R].4:104-105.

中国地质环境监测院,2012.全国地质环境信息化建设总体设计[R].3.

中国地质环境监测院,2010."十二五"信息化建设总体发展思路[R].

中国地质环境监测院,2011.中国地质环境监测院技术业务发展"十二五"规划[R].3.

中国地质环境监测院.中国地质环境信息网[DB/OL].https://cigem.cn/.